はじめに

　一般的に数学という教科は難しい科目である　とよく言われるが、慣れてしまえば意外に単純な教科ではないかと思う。
　覚えるというより慣れる　という感覚で、数学科の教員だった私は、生徒に数学という教科の中身を身近に感じてもらえれば、と考え具体的にいろいろな実践を行ってきた。以下にその実践例を示してみようと思う。
　名付けて「稲葉シリーズ」である。
　本格的には1985年頃からいろいろ工夫を始め、昭和から平成にかけて勤務した学校で自分なりにユニークな授業を展開した。中には実際に授業で採用するまでに至らなかった中身も含まれているが、生徒たちの明るい反応に助けられて出来上がったものも多い。せっかくなのでそれらを残してみては、と思って発行を決意した次第である。

具体的には「正負の数」におけるトランプ利用　　　　　8頁
　　　　　「方程式」でのてんびんの導入　　　　　　14頁
　　　　　「座標」導入…教室内の座席位置から　　　16頁
　　　　　「間違い探し」…実際の誤答例から　　　　25頁
生徒が嫌がる「テスト」についても
　　　　　個人別に自分で相対評価できるテスト　　　40頁
　　　　　答えを並べると何かが出てくるテスト　　　58頁
　　　　　努力で100点取りやすくなるテスト　　　　60頁
　　　　　　　　　　　　　　　　　　　　などなど…

　「資料の整理」では一般データを扱わず、実際の自分たちのテストの結果、しかも能力に関係ない○×テストの結果から気楽にその平均や相対度数等を求め、その結果を身近にとらえさせてみた。…36頁参照

　1994年〜　特別支援学校の方へ転勤したため、以降は中学校で数学の学習指導は行っていないが、退職を機に塾や家庭教師などを通じて最近考えた事例も増えてきたので「追稿」という形で紹介させていただいた。
　現役時代の「数楽通信」ともども気楽にご覧いただければ幸いである。

　　　　　　　　　　　　　　　　　　　　　　　　　　　　稲葉隆生

1	もしも数字が退化してしまったら
2	正負の数トランプ（イナバゲーム）
3	電話番号 0596-22-1463 発見問題
4	指数トランプ（自作）
5	文字と式代入ゲーム
6	箱使用数あてゲーム
7	問題づくり　y=3x-2
8	自作　てんびん授業
9	方程式応用「ステレオがほしい」編
10	座標ゲーム　暗号文づくり
11	作図「故郷さがし」
12	毎日の宿題プリント 10 回シリーズ
13	級（急）上昇ゲーム
14	式の計算（音＋士）÷心
15	等式変形リレーゲーム
16	計量器授業
17	誕生日当てクイズ
18	連立方程式の解―スキヤキができる（？）―
19	計算「まちがい探し」クイズ
20	不等式ドライブ授業
21	不等式の応用（消費税）
22	連立不等式の解　顔表現
23	ハンサムな顔グラフ
24	ｙ＝ａｘ＋ｂグラフ定着カルタゲーム
25	竹ヒゴ利用　一次関数のグラフ
26	カセット授業
27	相似（掃除）プリント
28	証明完成ゲーム
29	等積変形自作教具（オモチャ）
30	アラビア語単語テスト

31	正負の数　計算早押し選手権
32	正負の数四則計算小テスト
33	ユニーク文章題小テスト
34	個人別相対評価小テスト
35	数の大小トーナメント
36	式の計算トーナメント
37	正負の数　計算ビンゴ！！
38	正負の数　罰リーグ
39	正負の数　四則演算トーナメント
40	カード利用　文字式の計算
41	文字と式「代入計算ゲーム」
42	高い山の気温
43	$y = ax + b$ グラフ争奪戦ゲーム
44	小さい秋見つけた！！
45	∠CATと∠DOG（角の表し方）
46	厚紙シリーズ
47	$\sqrt{2}$ の近似値
48	平方根クイズ　タイムショック！！
49	平方根トランプ
50	視力検査表
51	ウソも方便！？
52	自作問題プリント
53	オリジナルヒントプリント
54	特典（得点）付小テスト（オリジナル版）
55	数学練習試合
56	５進法愛情うらない
57	自家製計算練習盤

数楽通信1　　37.4歳の数学教師です!?
数楽通信2　　宿題!!　何のため…!?
数楽通信3　　超特級合格者ただいま3名!!
数楽通信4　　授業の終わりにひと騒ぎ!!
数楽通信5　　平均点67.3点！　中間テスト終わる
数楽通信6　　出た!!　計算の珍プレー!?
数楽通信㊙　　号外!!クイズ特集号です!!
数楽通信㊙　　夏休み特集「大きいことはいいことだ!!」
数楽通信7　　復活級上昇!!　特級合格者出現!!
数楽通信8　　あの"立食そば"は本当にうまかった!!
数楽通信9　　期末テストの成果は如何に…
数楽通信10　答が3通り!?　いったいどれが本当？
数楽通信11　あの新聞紙の厚さがなんと100m！
数楽通信12　これが「超特級」の問題！！
数楽通信13　なぜ数学を勉強するの？
数楽通信14　たまにはこんなテストも…

1　自然数ってどんな数！？
2　素数って何だっけ？　小さい方から5つ言える？
3　カッコのある計算　イナバ式カッコ符合テクニック
4　数直線厚紙定規
5　優しいメッセージカード！？
6　分数型　式の計算と方程式　の差
7　小分百歩トランプ
8　電卓利用「誕生日当て」
9　いい格好しよう！
10　因数分解トランプ
11　手上げゲーム
12　謎の数列穴埋めクイズ
13　分数⇄小数を言い合う競争は…？
14　すぐ答え合わせができる特製プリント
15　三角ケーキ　分割クイズ
16　1秒で正解できる円すいの側面積
17　「の」は「×」(「の」＝かけざん)

中学 数学

たのしい授業展開 57例
──「稲葉シリーズ」を通して

稲葉隆生 著

- もしも数字がなくなってしまったら!?
- 正負の数トランプ（イナバゲーム）
- 座標ゲーム 暗号文づくり
- 作図「故郷さがし」
- 数の大小トーナメント
- ハンサムな顔グラフ
- 誕生日当てクイズ などなど

私の授業記録から…
こんな数楽はいかが？
スウガク

1 もしも数字が退化してしまったら

　中学校に入学して初めて「数学」という科目と出会い、期待と不安が入り混じった1年生。なぜこれから数学を勉強していくのか、考えさせるのは重要なことである。新入生に対する授業開きのユニークな方法としてダーウィンの進化論にこじつけて「使われないものは退化します」ということから、みんなが数学を勉強しなくなって、数字がもしこの世からなくなってしまったら、どんな生活になるだろうか、パロディ風におもしろおかしく考えさせるのである。

～参考～ 「もしも数字がなかったら」

朝起きて時計を見る　文字盤がないので時刻がわからない
量が数えられないので適当にご飯を食べて学校に行く
クツはサイズがわからないのでワラジで行く
授業は時間がわからないので先生の気が変わるまで受ける
何ページを開いたらいいのかわからない
おなかがすいたら弁当になる
忘れ物をしたので家にTELしようと思ったら、数字のダイヤルのかわりに、すべての当用漢字が並んだ特大の電話機しかなかった
昼休みトランプしたかったが、カードには数字がない
本日臨時集会があり、数学の先生がみんな退職した
暗くなってきそうなのであわてて帰る
バス通学の人は時刻表がないので、バス停まで行ってかえりのバスが来るまでじっと待つ
買い物に行ってもおつりが計算できず、店の人にだまされて帰る
そろそろ誕生日だと思ってカレンダーを見ても日付がない
暗くなったらメチャクチャ飯を食って風呂に入って、次の朝起きるまで寝てる

2 正負の数トランプ（イナバゲーム）

１年生の最初から早くもこれからの数学のもとになる正負の数の計算が導入される。これがすべての基礎になっていくので、その定着にも効果があるのではないかと考え、授業中にこのようなゲームをおこなった。

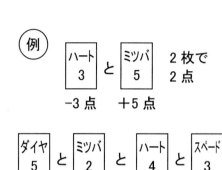

＜方法＞
(1) 班に一組ずつトランプを用意する
(2) 左のように、赤のカードをマイナス、黒のカードをプラスと見て数字がそのまま得点になることを定義しておく
(3) ６人で行う場合は、１～６だけのカード計24枚を使用
(4) １人４枚ずつ手に持ち、うち１枚を互いに一斉交換することで得点を争う。

たとえば６人で24枚をランダムに１人４枚ずつ持つ場合、
「４枚の合計点が23点以上になったら、ラーメン一杯おごります」
とそっと板書してみる（６人のメンバーで23点は不可能）。
その後の生徒たちの反応を見るのは実に楽しい。
メンバー全員が自分の点を計算することができなければ面白くないこともあってか、自然に子供どうし教えあっている姿が…
「こんなときにはこれとこれを先に合わせてあとからこれを引けば…」
「あ、そうかそうか、それじゃあ、これは…」
ゲームをしていて、黒のカードを引いて大喜びしている子、
床に伏して悔しがる子、
はては興奮のあまり引きちぎられたトランプも出現。
けんかになったり、ゲームに負けて涙する子までいて大変もり上がったものである。

3　電話番号 0596-22-1463 発見問題

まずは次の10題の計算問題を回答していただきたい。正しく回答できると後で何かがわかる、というおまけつきの問題である。答えを一から順に横に並べてみると

(1)　(－3)＋(＋3)　　　　　(2)　0－(－5)
(3)　12＋(－3)　　　　　　(4)　－3－(－9)
(5)　－7＋5＋0　　　　　　(6)　－4－2－3＋11
(7)　(－3)＋(－4)－(－6)　(8)　－4－(－3)＋5
(9)　3－2＋7－2　　　　　 (10)　－5－(－8)

(1)	(2)	(3)	(4)	(5)	(6)	(7)	(8)	(9)	(10)
0	5	9	6	－2	2	－1	4	6	3

ということになり続けて 0596-22-1463 と私の家の電話番号になるのである。もちろん、人の家の電話番号なんてわかるわけない、というのももっともであるが、それならば何の番号でもよい。要は、ただ単純なだけの計算問題でも正しく計算すれば何かがわかる、というオマケをつけてやる、ただそれだけのことでいいのである。面倒であるが、ちょっとした工夫により思わぬほど生徒たちは興味を示すものである。

その他、車のナンバーを利用したり、自分（教師）の年齢等をダシに利用することなども面白いが、一つ、これを生徒たちに自作させるのも大変有効なのではないだろうか。試行錯誤を繰り返し、答えが先にわかっている問題を作り上げるのにはかなりの計算力が必要になってくるので、生徒にとっても目的をもって楽しく取り組めよう。

最後に<u>もう1例示してみる。</u>
　　　↓
　　　これはいったい何を表しているのか。（答　私の誕生月日）

問題
(1)　－3＋9＋(－5)
(2)　6＋(－3)＋2－(＋4)
(3)　－6＋(－5)＋26
(4)　上の3問の答を順によこに並べよ。

4 指数トランプ（自作）

正負の数を学習して、その中で$3^2=9$、$(-4)^2=16$ 等指数法則も入ってくると、ずいぶん計算も混乱してくるものである。思わず $4^2=8$ としてしまったり、-4^2 と $(-4)^2$ の区別がつかなかったり…しかし、こういうことはどんどん練習をやって、慣れていくしかないものである。とはいうもののただの計算では味気ないので次のようなトランプ利用ゲームを考えてみた。

-1×1	-1	-1^2	$3-4$
$(-2) \times (-2)$	4	$(-2)^2$	$(-8) \div (-2)$
-3×3	-9	-3^2	$3-12$
$(-1) \times (-1)$	1	$(-1)^2$	$-5 \div (-5)$
-2×2	-4	-2^2	$4-8$
$(-3) \times (-3)$	9	$(-3)^2$	$4-(-5)$

1．各班で厚紙を一組 40 枚分 1 枚ずつ切り取り、準備
2．左の表に書かれた数を書き込む
3．出来あがったトランプを各グループ、ババ抜きの方法等でゲームを行う。

まだ正負の数に慣れていない生徒たちにとって、そのつど指数の計算をしなくてはならないので、かなり頭が痛いゲームである。上の表は、各行の横四枚がそれぞれ同じ数を表すので、まちがったカードを出すことがあっても、みんなでチェックできるので、また効果的である。

定期テストの前の学活などでも、勉強の仕方を話したり、各個人で、勉強するというだけでなく、手軽に作れるトランプでみんなで遊びながらも勉強できるというこの方法は、一石二鳥だと割合好評である。
七並べもどきのゲームもできる。
ただし 1～13 まで順に並んでいるわけではないので、整数だけ先に並べたり、一覧表を常備するなどの必要はあるだろう。

5 文字と式代入ゲーム

数量の関係を文字を用いて式に表し、さらに数値を代入する操作は、生徒たちにとってかなりわかりにくいところである。いくら注意をしても、たとえば文字式 $2x+3$ に $x=5$ を代入する時など、結果に依然として文字 x が残ってきたりする生徒が出てくるのが現状である。

そこで数人のグループで行う次のような「代入ゲーム」をとおして代入のイメージを定着させることを考えてみた。

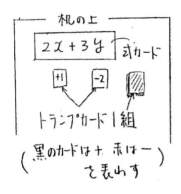

① 各グループで図のようにいろいろな文字式の書かれた式カード（数枚）と、トランプを一組まず用意する。
② まず式カードの中から一枚を選び、そこにある文字の部分に代入するべき数をトランプで決める。
裏向けてかさねておき、上から順にとっていくようにしてもよい。
③ 代入するべき数が決まったら、式カードの文字の部分の上に実際においてみる。（この操作がポイントである。）
④ みんなでその値を計算、確認し、今回のその人の得点とする。以下順番に一人ずつゲームを行い、結果は、みんなで確認する。
⑤ 結果を一覧表に書いて何回戦も行う。

留意事項
◦ 式カードの文字はトランプ一枚の大きさ程度に書き、上に置く（代入する）ことができるようにする。
◦ トランプはあらかじめ、1〜6程度の数のものだけにしておくとよい。

文字のかわりに文字のところへトランプ（数字）をおく（代入する）イメージを、このゲームをとおして確立させたいものである。

6　箱使用数あてゲーム

　１年生の方程式の導入のところで一般的によく利用されるのが、□+3=8 等の数あてゲームである。等式の変形で x にあてはまる値を求めることが実は□の数字を求めることである、というところから入ってくのであるが、そのイメージをさらに強めハッキリさせるためにも、実際にカードと小箱を使用して、生徒たち同士でクイズを出し合う数あてゲームをすることを考えてみた。

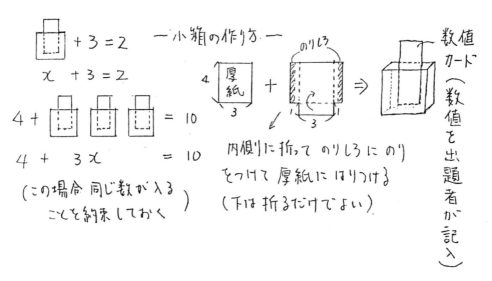

　生徒たちにどんどん活動させるためにグループを自由にすると、何組もの小箱の製作と数字カードが必要になってくる。係生徒などをつかって作らせてもよい。
　まず黒板にて全体で□当てクイズ（ここでは数の出し方はとくに触れない）の要領を説明してから各グループ別に…生徒たちはそれぞれ「難問」を考えて楽しそうである。しかし次のことは約束しておく。
◦□に当てはまる数は、一応整数ということにしておく。
◦□を２つ以上使うときは、必ず同じ数が入り、□×□等のかけわりはなし。

　問題を出し合いしているうちに□の数をどうやって求めたらいいかわかってくれればいいが、これは正直言って難しい。そこまでいかなくとも□に当てはまる数がわかれば、そのとき式が成り立つ、ということから方程式のイメージが少しでもとらえられれば…と考えている。

7　問題づくり　y=3x−2

数学というと好き嫌いの激しい学問のようである。質問しても手をあげられるのは一部で、わからない生徒はどうしても「お客さん」にならざるをえない。しかし、数学の内容の中でも個人のユニークな考え方が生きるところもある。次はその一つ、１年生の文字式で、「数量の関係を式に表す」問題例である。

「y個の菓子を一人３個ずつx人に分けようとしたら２個足りなかった」この時文字x,yを用いて、この関係を式で表しなさい。

答は当然 y=3x-2 であり、このような関係を式に表すことができるようになることが目的であるが、さらに理解を深めようとするならば、答えを考えさせるのではなく、答えが y=3x-2 になる問題を考えさせてみてはどうであろうか…次は実際に生徒が考えた例である。

①おばあさんがy円の遺産を残して亡くなった。３人の子供がx円ずつ相続しようとしたら２円足りなくなることがわかり、兄弟が大ゲンカ…。	②遠足の菓子を買いに行った。同じ菓子（x円）を３つ買おうとレジへもっていき、y円だしたら「２円足りませんよ」と言われてアセッた。

いろいろな発想があるものである。できたものから発表させたり、宿題にしておいて日常の生活の中から面白い例を考えさせたり…中には奇をねらい過ぎて間違った式になる問題文が出てくることもあった。

今までとは違った形で課題を与えられた子供たちは、ユニークな問題文づくりに熱中。普段の授業では目立たない（発表したくてもできない）生徒までが生き生きと取り組む姿があった。

8 自作　てんびん授業

方程式の説明の中で左辺と右辺が釣り合っているということを具体的にイメージするにはやはりてんびんがいいように思う。両方に同じものをのせたりとったりしても釣り合うことから等式の性質をより具体的に説明できる、と考え、簡単な「てんびん計」をつくってみた。

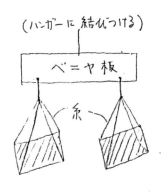

左のようにベニヤ板に穴をあけ、糸を通して、受け皿は、厚紙を四方結んで作っただけの本当に簡単なものであるが、マッチ箱や手製の箱をのせたりするのに特に支障はないし、持ち運びも楽である。

また、特に意味はないが、ただ吊るすのに便利なようにハンガー（子供たちがどこかで拾ってきた）を利用してみた。

（実際の指導例）

　　準備…私製てんびんのほか、手製の箱を7～8個（厚紙で作る）
　　小さなマッチ箱（茶店などでもらったもの）を多数

そこで「この手製の箱ひとつの重さ（x）は、マッチ箱いくつ分の重さと等しいか」を次の釣り合いの状態をヒントに考えさせるのである。

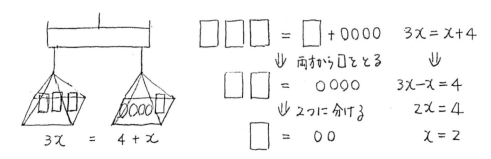

マッチ箱の中にマッチ棒を入れて微調整。両方から同じものをとっても加えても変わらないことから等式の意味を説明していくのである。

9　方程式応用「ステレオがほしい」編

1年生の学習内容の中でもこの方程式の応用（文章題）が最も難しいようである。「面倒なのでどうしても避けがちになりやらない、やらないからできない」。この悪循環は、どこかで断ち切らなければならない。
そこで一つの作戦として、次のような自作問題を考えてみた。

> ステレオを買ってほしくてたまらないＩ少年（中学１年生、13歳）は、ある日8歳の弟と5歳の妹を連れて3人でお母さんに交渉をした。「何言ってるの！　家にそんなお金あるわけないでしょう！！」と34歳の若い母親はヒステリーを起こしていたが、それにもめげずにしつこく頼みに行くと「今はまだ小さいからダメだけど、あんたたち兄弟3人の年齢の合計がお母さんと一緒になったら買ってあげよう」と言ってくれたという。
> Ｉ少年ははたして中学生のうちにステレオを買ってもらえるだろうか？

解　x 年後に買ってもらえるとして
$34+x=(13+x)+(8+x)+(5+x)$ から $x=4$ つまり4年後なので
　　　　　　　　　　　　　　　　答　買ってもらえない

文章題は意味内容をまず理解することが大切である。問題文を読ませるときは実際に登場人物の気持ちになって「何言ってるの！？…」。今は兄弟3人が力を合わせてもお母さんにかなわないけど、いずれ大きくなったら年齢の合計で上回るときが来る。そうなったらステレオを買ってやってもいいだろう、ということ。1年生なのでいろんな話もしながら、おもしろおかしく題意を理解させていくのである。
なお、この問題の答えは「4年後」というわけではない。最初はたいていこれが出てくるのであるがそこで一言、「問題文は何を要求しているのか」…問題文をよく読むことは本当に大切なことである。

10　座標ゲーム　暗号文づくり

場所を表すのに座標の考えを用いると大変便利である。このことを簡単に実感させるのに、まず4人ほど指名して教室内での自分の位置を発表させる。

A君「ローカ側から2番目の1番前」
Bさん「1ばん窓側、前から3番目」
C君「窓から3列目、後ろから2番目」
Dさん「ローカ側の1ばんうしろ」

前から数える子、後ろから数える子 etc で基準がバラバラ⇒ではみんなに平等にクラスの真ん中の列を基準にとってみては…ということで教室の真ん中の机の列（たて、よこ）にビニールのひもを通してx軸y軸ということで教室内に座標軸を導入する。つまり、生徒自身の座席が格子点となり、座標で表されるのである。

教室のど真ん中にいる生徒は（0,0）、右隣は（1,0）、前の生徒は（0,1）ということになり、生徒たちは自分の「座席」を表したものを「座標」というのだと一笑いして、ついでにこの座席（座標）を使って「対称な人」を探させる。「自分とx軸について対称な人は…」「y軸対称な人は…」etc

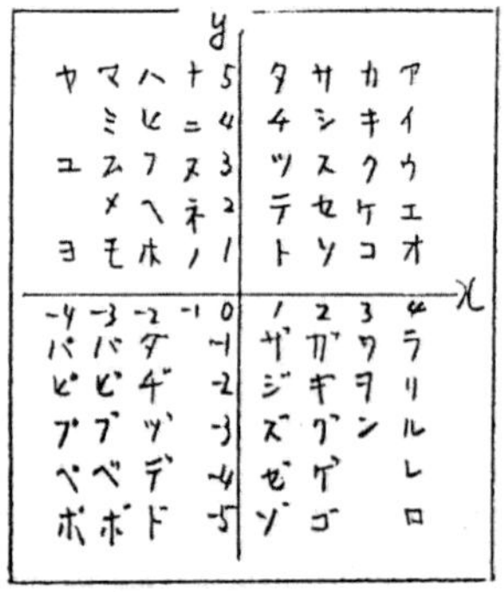

この考えを平面上に移して本格的な座標を導入。ひとしきり練習問題をさせる。

授業の後半は、いよいよゲーム「暗号文づくり」。
図のようなプリントを配布して
(4,4) (2,2) …イセ、(1,1) (3,2) (4,4) …トケイ etc
どんどん暗号文をつくらせ、解読しあう時間を取り、自由に遊ばせる。
理解の早い生徒には「(4,1) (3,5) (1,5) (-3,-1) (-1,5) (4,4) は？」
実は、これは私の名前を逆に読んだものである。最初何の意味もない文字の並び…「何か変、まちがったかな？」と思う生徒たち。クラスの中で目立つ生徒の名前をダシに使って授業が思いのほかもり上がったものである。この内容は、勤務校で行われた1986年度東海数研という研究会での公開授業としても披露させていただいた。

11 作図「故郷さがし」

１年生、定規コンパスを使った作図の自作応用問題例である。
生徒たちにはまず基本の作図の仕方を一通りさっと指導しておいてから突然三重県の地図を配布。とまどっている生徒たちに次のような問題文を提示する。「さあ先生の故郷はいったいどこでしょう」
宝さがしなどによくあるパターンではあるが、正確に作図をすれば本当に何かがわかる、というもの。私自身の本当の故郷を材料に試行錯誤を繰り返して考えた私のオリジナル版である。

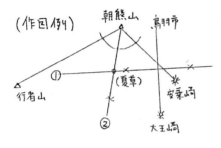

①…第１ヒントで記入する直線
　この線上に多くの地名が存在すればすると第１ヒントとしてつごうがいいので、そういった直線になるよう、状況設定を工夫した。
②…第２ヒントで記入する直線
　①②の交点の地名（夏草）が先生の故郷である（ホント）。

― 第１ヒント ―
ある日先生はヘリコプターに乗って、志摩の大王埼灯台の上空から、鳥羽市に向かって飛び立ちました。途中鳥羽市までのちょうど中間点で左へ90度旋回してずっと飛んでいくと、なんと…先生の故郷上空を通過するのです。

　工夫点…①地図上で垂直二等分線をかかせるための状況設定にヘリコプターを利用
　　　　②地図上に「鳥羽市」と記されているが、その「鳥」の字の位置が「鳥羽市」の位置ということにした。これは生徒に説明が必要

― 第２ヒント ―
急に故郷が恋しくなった先生は、ある日近くの朝熊山に登ってみました。山頂から見渡すと左に安乗崎の灯台、右には、なんと、かの有名な（？）行者山が見えたのですが、よく見てみると先生の故郷はそのちょうど真ん中の方向に見えるではありませんか！！
おお、わが故郷よ！！　思わず故郷に住む祖父母の顔を思い出しては感涙にむせぶ先生でありました。

　工夫点…①朝熊山等固有名詞も使って本当に見えそうなものを探した
　　　　②行者山など当然ながら誰も知らないが、角の二等分線をかく際、この山の位置が好都合だったので採用

12　毎日の宿題プリント10回シリーズ

宿題というととかくいやがられるものである。テスト前には特にその傾向が強く、なかには「テスト勉強しなけりゃいけないのに、その上さらに宿題なんて…」いったい何のための宿題なのか…こんな声を聞くたびに、何とか、と思って、次のような宿題プリント作戦を考えてみた。

1. テスト10日前ごろから毎日（数学の授業がない日も含めて）次のような問題プリントを一枚ずつ配布する。次のテストにはこのような問題をたくさん出すから、やれば必ず点数UPに結びつく、という話をしておく。
2. 翌日朝提出させ、その日のうちに必ず赤ペンを入れて返却する。
3. 次の日は、その添削されたプリントと別に模範解答例プリントを加えて本日分の問題プリント（No.2）を配布、自宅でやらせ翌日提出。

これをできれば10日間続けるのである。

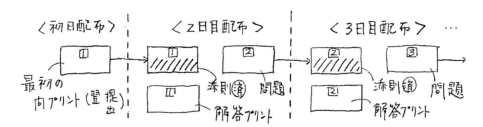

配布する際の留意点
- 原則として自分でやるが、本、ノートも参考にしてよい。できない場合は前回の答えプリントをしっかり見てマネをしてやってくるように指示。
- 自分にできそうな問題から行い、答を見てもわからないものは飛ばしてもいい。あまりにも時間がかかる場合は無回答のものがあってもいい。（他科目も大事）
- できる生徒はこのプリントを「肩ならし」に利用、その後、自分の勉強に…

問題の内容、程度、配列が大変難しく、宿題プリントを作成するのに莫大な時間と労力を要するが、最初のころはみんながいやがっていたプリントも、定着してくるとさすがにそういう声もなくなり、むしろ、またあのプリントがほしいという声がたくさん出てくるようになった。「宿題はいやだけどやっぱり出してほしい」…これが本音だろう。

13 級（急）上昇ゲーム

数学は科目の性質上、基礎事項がわかっていないと、その先の理解が大変難しい。わかってくると面白いけれど、少し油断してわからなくなると本当につまらなくなり、その結果大変学力差が激しくなる。

それゆえ、数学が不得意な生徒にとっては、現在の授業をいくら丁寧に説明しても理解できなくてつまらなくなり、逆にできる生徒にとっては、説明がくどく感じられ、やはり面白くない。

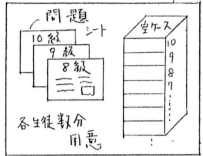

そんな中で、1時間の授業が、できる生徒できない生徒、だれにとっても有意義なものになるように、次のような演習形態を考えてみた。

1．辞書の空ケース10個をはりあわせて作ったものに、難易度順に10級〜1級の問題編を入れて用意する。
2．各自10級から順に取り組み、できた者から教師のところへ。即採点し、合格なら次の級へ、不合格ならもう一度やり直し
 (教科書、ノート参照可)
3．原則友人との相談は不可であるが、多少は黙認。何度も×の者には教師からヒントを与える。

問題演習のところでたまに実施するのであるが、普段と違って各個人の力に合った問題のため、それぞれ自分の力が発揮できるせいか、みんなが意欲的に取り組み、できる者にもできない者にも毎回大変好評であった。

図形の計量の分野で実施した際、1級の上に特級や「超特急」を加え難問を提示すると、みんな思いのほか意欲を示し、自ら家で考えてきた生徒もいて、おどろいた。そうじの時間、ホーキもつ手に問題片、という生徒もいれば、私の担当してないクラスの生徒までが問題片をもってやってきたり、けっこうクラスの中でもり上がっているような状況だった。

しかし、とりくんでいる級に差がついてくると、必ず級のところを隠して恥ずかしそうに持ってくる生徒が出てくるのである。相談不可ながら要領よく立ち回ってどんどん級上昇していくのに比べ、何度も失敗して苦労して進級した者こそ本当に尊い！！ といつも話すのであるが…。

14 式の計算（音＋士）÷心

2年生の初めに出てくる式の計算は、これからの代数の基礎であるが、本当に無味乾燥な分野である。わかってしまえば単純な操作のくり返しにすぎないが、計算ミスも犯しやすく、一般的にはいやがられるところである。そこで、なんとか式の計算を実生活と結びつけようということで、

$$a(x+y) = ax + ay \iff 三(球+振) = 三球 + 三振$$

という例が雑誌に出ていたので紹介したところ、生徒からこんなアイデアが出てきた。

（ちん＋かん）ぷん ， （キ＋コ＋カ＋コ）シ…　おわりのチャイムを期待!?
果ては　（シ＋コ＋ウ）シ＋「いらっしゃい」!!

どうせならまちがいの多い「多項式÷単項式」のところで応用できないものか、と私自身が考えついたのが次の例である。

$$(3x^2y + 4xy) \div 2xy^2 = \frac{3x^2y}{2xy^2} + \frac{4xy}{2xy^2} \quad \left(\neq \frac{3x^2y + 4xy}{2xy^2} = 3x^2 + 2 \right)$$

（音　＋　士）÷　心　＝　意　＋　志

右に示したような、まちがった約分をすることのないように、と考えたものである。

「音(オト)に士(サムライ)が加わったものを心(ココロ)で割ると強い意志ができる」などと意味のない話もしながら、式の計算と関連づけるのである。
上の例は（咸＋相）÷心＝感想でもよい。
後日、この多項式÷単項式の約分でまちがえた生徒に対して言ってみた。
「このあいだの授業の感想はどうだったのか！？」
「キミはやる意志があるのか！？」等々。

15　等式変形リレーゲーム

数学というと、教室でじっと机に向かうのが普通であるが、せっかく大勢あつまって同じ場所で勉強するのであるから、この利点を使わない手はない。2年生「等式の変形」のところで、仲間づくりもからめた次のような指導をすることを考えてみた。

問　$y = 2x + 3$　$[x]$
この式を $[\ ]$ の中の文字について解け

$\boxed{y = 2x + 3 \quad [x]}$
　　　⇓
$\boxed{2x + 3 = y}$　（2走）
　　　⇓
$\boxed{2x = y - 3}$　（3走）
　　　⇓
$\boxed{x = \dfrac{y - 3}{2}}$　（アンカー）

「等式変形リレーゲーム」やり方

1. 5～6人ずつのグループをつくり、班ごとに黒板へ出る順を決める。
2. 各チーム最初に黒板へ出る人（第1走者）に問題の式が入った封筒をわたす。
3. 合図で第1走者は問題の式だけを黒板に記入。書いたら次の人にタッチする。
4. 第2走は等式の変形を考えて、次の段階の変形のみを書き、3走にタッチする。以下同様、アンカーで変形が完成。

各チーム一斉スタートで、どの班が一番はやく変形を完成できるかを競う。

指導上の留意点
・変形がわからなかったら、班内でどんどん教え合いをさせる。
・第2試合以降は、黒板へ出る順（リレーメンバー）も交代する。
・1つの段階の変形のみを書くことを原則とする。

等式変形の演習の1つとして時間が余ったときなどにおこなってもいい。単純な操作のくりかえしであるため、個人でノートにやるだけでは面白くないが、みんなで答えを完成させるところにいい点があるように思う。

16 計量器授業

連立方程式の導入にはいろいろな方法が考えられるが、とにかく「1つの条件だけでは決まらず、2つめの条件で求めたいものがただ1つに決定する」というようなものであればよい。ただし、題材は身近なもの、自然に求めたくなってくるようなものであるといいだろう。ということで、まず思い浮かんだのが「ものの重さ」である。

《乾電池編》

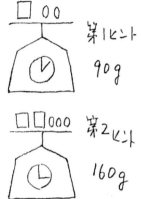

教室にはかりと単1、単2、単3の乾電池を数本持ってくる。「身近にある電池の重さはいったい何グラムでしょう」ということで、図のような第1ヒントから考えはじめる。

$$x + 2y = 90$$

第1ヒントだけでは、あてはまる答えが何通りも出てきてしまう。そこで第2ヒントと考え合わせると…

$$x + 2y = 90$$
$$2x + 3y = 160$$

身近にある電池の重さがこのヒントによりはっきりする。

《カセットテープ編》

準備　C-60分カセットテープ3本（ケース付き）、はかり
　　　カセットテレコ1台

上と同じ要領であるが、未知数xはカセットテープ自体の重さ、yはテープのケースの重さということで、以下のように立式する。

第1ヒント…テープ1本とケース1個で72g　　$x + y = 72$
第2ヒント…テープ2本とケース1個で114g　$2x + y = 114$ 〉答

※計量の仕方により多少重さが変わってくるのが欠点

授業を終えてわかったこと。具体物を利用するのはいいが、具体物であるがゆえに数値が複雑かつ微妙であった。当然解も大きい数値になる。
なお《カセットテープ編》で利用するテレコは、生徒がヒントから重さを考えているときに「この曲が終わるまでの時間で…」と好きな曲を流すためだけに用意したものである。

17　誕生日当てクイズ

連立方程式の導入法について、次のような例はどうであろうか。教科書の「式の計算」分野にのっていた「誕生日当て」を見ていて思いついたものである。

第1時
1．突然先生が「君の誕生日を当ててやろう」ということで全員に次のようなヒントを出させる。
　　「君の生まれた月を2倍して、それに日をたした数を教えてください」
2．これだけのヒントでズバリ当ててみます、ということで、クラスで一番目立つ生徒を指名。ヒントを言わせてズバリ正解してみせる。
3．生徒の気持ちを引きつけたところで、先生は、他の2、3人の誕生日当てにも挑戦するが、なかなか当たらない。3回目か4回目に当たる。
　　「ヒントひとつだけじゃさすがに苦しいよ、もう1つぐらいヒントを…」
4．そこで第2ヒントとして「生まれた月を3倍してください。それに、生まれた日の2倍を加えた数を教えてください」→こんどはパーフェクト
5．できるだけ多くの生徒からヒントを出させる。別に誕生日でなくともよい。いろんな記念日等を2つのヒントからすべて先生が当ててみせる。久しぶりに数学の教師としての「威厳」を誇示して1限目を終える。

指導上の技法
○事前に一番目立つ生徒の誕生日を調べておき、最初は一発で当てる。
○続いて指名する生徒の分についてもあらかじめ調べておくが、わざと一度では正解しないで3、4回目にやっと正解してみせる。

第2時
1．前時を思い出して「誕生日当て」をもう少し続ける。
2．このころになるとだんだん要領がわかってきて、先生と同じように答えをだす者もでてくるが、ではなぜそう出るのか、月…x、日…yとして表してみる。

――以下省略――

18 連立方程式の解―スキヤキができる（？）―

連立方程式の解は、もとの式に代入してみれば、その解が正しいのかどうか確認できるのであるが、それに加えて「解く楽しみを…」ということで次のようなことを考えてみた。

$\begin{cases} 3x-5y=1 \\ y=4x-24 \end{cases}$　$\begin{cases} 4x-3y=-11 \\ -x+2y=9 \end{cases}$　$\begin{cases} 3x-y=21 \\ 2x+y=19 \end{cases}$　$\begin{cases} 5x-y=34 \\ 4x+3y=50 \end{cases}$

⇓　　　　⇓　　　　⇓　　　　⇓

$(x,y)=(7,4)$　$(x,y)=(1,5)$　$(x,y)=(8,3)$　$(x,y)=(8,6)$

―梨―　　―イチゴ―　　―ハチミツ―　　―ハム―

$\begin{cases} 7x+3y=41 \\ 3x-2y=-12 \end{cases}$　$\begin{cases} 3x-4y=22 \\ -x+5y=0 \end{cases}$　$\begin{cases} 3x-2y=-10 \\ 5x+2y=10 \end{cases}$　$\begin{cases} 5x-3y=538 \\ 7x-4y=747 \end{cases}$

⇓　　　　⇓　　　　⇓　　　　⇓

$(x,y)=(2,9)$　$(x,y)=(10,2)$　$(x,y)=(0,5)$　$(x,y)=(89,-31)$

―肉―　　―豆腐―　　―卵―　　―白菜―

下の4問では「出てくる答でスキヤキができる…」というわけ。幼稚な発想によるものであるが、生徒たちはわりあい興味を持って解いていたようである。なかには「先生こんな問題ができたよ」と自分で語呂合わせを考えて持ってくる者もいた。

別に食べものでなくとも

$(x,y)=(8,4)$　or $(5,14)$　or $(9,2)$

―橋―　　―ご石―　　―くつ―

何でもいい、解けば何かが出てくる、というだけでいいのである。
最後にもうひとつ。

$\begin{cases} 3x-y=43 \\ 4x+2y=84 \end{cases}$ ⇒ $(x,y)=(17,8)$

―私の名前―

19　計算「まちがい探し」クイズ

生徒の答案の誤答例を見ていると、なんでもない計算ちがい等が大変多い。難問ほど実は簡単な計算ミスで落としていることが多い現状である。そこで、そういったまちがいを少なくするために、生徒がおかした実際の誤答例から、生徒自身にまちがいの箇所を探させてみることを考えた。これにより注意をうながそうというのである。
以下に展開例を記す。

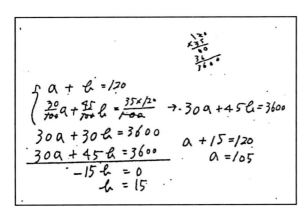

指導例
1. 生徒のテスト等で計算ミスのあったものをそのままコピー、1問ずつ印刷して全員に配布。
2. まちがっている箇所を見つけた者から印をつけて先生のところへ持っていく。

指導上の留意点
・上の例のように明らかにこの箇所でまちがえたとわかるものについて1例ずつプリントする。
・全員に1枚ずつ裏向けて配布。合図で一斉開始。先の「級上昇ゲーム」と同じ要領で教師が即赤ペンを入れ、早く見つけた者から10人まで表彰。
・各問とも、最初にまちがえた箇所をチェックしてある者のみ合格。
・少なくとも10セットくらいは用意して、何度も挑戦させる。単純な計算ミスがいかに多いかだんだんわかってくるだろう。

上の例では 120×35 の計算の段階ですでに失敗をしている。字をはっきり書かなかったので、自分で書いた6を0と見まちがえたようである。下の方で $-15b = 0$ から $b = 15$ としたまちがいを指摘されるかもしれないが、実はその前の段階ですでに計算ミスをおかしているのである。

20 不等式ドライブ授業

三重県の地図（伊勢市からの距離を記入した特製の地図）を突然配布。みんなでドライブに行くつもりになって、次の条件でどこまで行けるかを考えてみようという授業である。

条件
・朝9時出発、夕方5時までには帰る。
・行きのはやさは時速30km、かえりは少しアップして40km/h。
・目的地で3時間、行きかえりの途中でそれぞれ30分ずつ休む

目的地まで x km としてこの関係を式に表してみると…
「夕方5時までには帰る」ので

$$\frac{x}{30} + 3 + 1 + \frac{x}{40} \leq 8$$

ということになり自然に不等式になる。実際にドライブに行こうという話からだんだん数学に結びつけていく。わりあいよく行われている指導法であるが、それを自分なりにアレンジしたものである。

生徒の感想から…

○ 地図を配ってはじめ何をするのだろうと思った。こんなところで不等式が出てくるとは。楽しい授業の雰囲気だった。
○ 最後のほうまで連立方程式の勉強だと思っていた。最初に今日は何の勉強か言わないところがまたにくい。
○ はじめはいったい何の授業かわからなかったけれど、あとになってだんだんわかってきた。
○ 本当に現地に行くのだったらもっとしっかり計算しようという気になったのかもしれない。
○ 急にやる所がとんだので意味がわからないまま勉強していた。前の時間に今日はどんな勉強をするのか言ってほしかった。

21 不等式の応用（消費税）

最近の入試問題や各種のテスト問題を見ていると、問題文（状況の説明等）が長いものが多くなってきたように思う。その反面、何事につけても「面倒くさい」ことのきらいな生徒たちが増えてきている現在、数学の長文問題対策は大きな課題となってきている。長い文章を見ているだけでいやになってくる、という生徒が多いなかで、数学の問題をただ紙の上だけのものというのではなく、日常生活にしっかり結びつけて捉えられるようになってほしい。そこで次のような文章題を自作してみた。

> I先生は3000円持ってズボンを買いに行きました。その日は大安売りで定価の1000円引きの値札が付いたものを見つけたのですが、よく見ると「レジにてさらに値札の30％引き」と書いてあるではありませんか。「やった！これなら買える」とよろこんでレジへもっていくと「ただし消費税を定価の3％申し受けますので…」という冷たい言葉。3000円出して、もらったおつりでは50円のアイスクリーム（税込）ひとつすら買うことができなかったという。ズボンの定価は少なくともいくらより高かったことになるであろうか。

自作問題であるだけに、私自身の消費税に対する個人的感情が出ていて、かならずしも問題としては適切ではないかもしれないが、現実問題として捉えることができ、興味を持って考える生徒もいたようである。多少難しいかもしれないが、実生活ではこんな時にこそ、方程式、不等式を立てて考えることができるようになるのが大切ではないだろうか。

解 定価を x 円として
$$3000-\{0.7(x-1000)+0.03x\}<50$$
これをといて $x>5000$

答　5000円より高かった

22 連立不等式の解　顔表現

今回の学習指導要領の改訂で省略される範囲になってしまったが、これまでの私の実践例として紹介させていただこうと思う。
連立方程式を学習したあとで出てくることもあって、連立不等式を方程式の解き方と混乱することが予想される。
そこで、右図のような解の描き方を紹介してみた。じっと見ていると連立不等式の解が人の顔に見えてこないだろうか？

問題式が髪にあたり、それぞれの不等式を解いたものが左右のまゆげと目、不等号の向きが変わる場合、その大切なところが瞳、鼻のところに「共通範囲」というわざとらしい文字。数直線の -3 や 1 等は歯、答えが口というか舌を出しているというか…
このマヌケな顔にも最大の欠点があって、なんと「耳がない」のである。

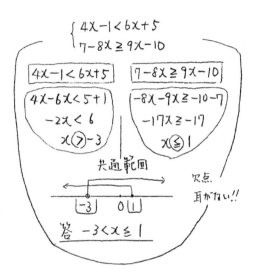

本当にどうしようもないほど低次元な発想によるものであるが、計算式を書くのを面倒くさがって、なかなか授業にのってこない生徒たちを前にして、黒板に連立不等式の解き方を書いていて思いついた。自分のオリジナル版である。
さすがに生徒たちもア然としてバカにしたような感じも見られたが、この書き方に感心して納得していた者もいたようである。

23 ハンサムな顔グラフ

一次関数のグラフを傾きと切片から描くことはそう難しくないが、変域が入ってくると、生徒はいやがるようである。グラフを描いてから後でその部分だけ残して不必要な部分をカットすればいいのであるが、練習問題の少ないこともあってか、なかなか定着しにくい。
そこで変域を含めたグラフを描く問題を徹底的に集めてみた。ただし、きちっと描けば何かが出てくるというオマケつきである。
―右のグラフがその解答―

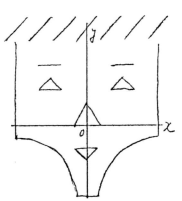

数が多く、描くのに時間がかかるし、目盛りのきちっとした大きめのグラフ用紙が必要になってくるので実践しにくいが、何かの機会に一度書かせてみるのもいいのではないだろうか。

☆問題例

(1) $y = x+8$　$(-1 \leq x \leq 1)$
(2) $y = x+10$　$(-3 \leq x \leq -1)$
(3) $y = x+6$　$(1 \leq x \leq 3)$
(4) $y = 5$　$(-4 \leq x \leq -2)$
(5) $y = 3$　$(-4 \leq x \leq -2)$
(6) $y = -2$　$(-1 \leq x \leq 1)$
(7) $y = \frac{6}{x}$　$(-6 \leq x \leq -1)$
(8) $y = 2x+2$　$(-1 \leq x \leq 0)$
(9) $y = -2x+2$　$(0 \leq x \leq 1)$
(10) $y = x+12$　$(-5 \leq x \leq -3)$
(11) $y = x+14$　$(-7 \leq x \leq -5)$
(12) $y = x+4$　$(3 \leq x \leq 5)$
(13) $y = x+2$　$(5 \leq x \leq 7)$
(14) $y = 5$　$(2 \leq x \leq 4)$
(15) $y = 3$　$(2 \leq x \leq 4)$
(16) $y = -x+7$　$(3 \leq x \leq 4)$
(17) $y = x+1$　$(2 \leq x \leq 3)$
(18) $y = -\frac{6}{x}$　$(1 \leq x \leq 6)$
(19) $y = -x+1$　$(-3 \leq x \leq -2)$
(20) $y = x+7$　$(-4 \leq x \leq -3)$
(21) $x = 6$　$(-1 \leq y \leq 7)$
(22) $x = -6$　$(-1 \leq y \leq 7)$
(23) $y = x-3$　$(0 \leq x \leq 1)$
(24) $y = -x-3$　$(-1 \leq x \leq 0)$
(25) $y = -6$　$(-1 \leq x \leq 1)$

24　y＝ax＋b グラフ定着カルタゲーム

一次関数のグラフで傾きと切片を読み取って、そのグラフを式に表すのは、なれない生徒たちにとってかなり難しいようである。

$y = 2x$ と $y = (\frac{1}{2})x$ とで傾きの意味をとりちがえたり、切片と傾きが逆になったり…そこで数人でおこなう次のようなオリジナルゲームを考えてみた。

○準備するもの（1セット分）

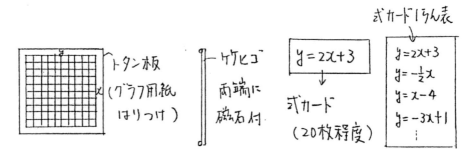

○ゲームの仕方
1．3～7人程度のグループでそれぞれ問題を作る側と答える側に分かれる。
2．問題を出す側は、トタン板にはりつけたグラフ用紙の上に、竹ヒゴである直線を表し、答える側全員に一斉に見せる。
3．答になる式カードをあらかじめ前にばらまいておく。答の式カードをカルタのように取り合う。
4．出題する式グラフは、カードの中にあるものでなくてはいけないので、式カード一覧表を用意する。

たしかに、これはグラフの問題を作る側がわかっていないと大変難しい。ともすれば問題を作る側も答える側もまちがったまま進んでいってしまうことも多々あるようである。教師が巡回しながら指摘したり、何度も一斉説明、確認させることが必要である。しかし、ゲーム中に子供たち同士で指摘しあっている姿もよくみられ、騒ぎながらも
「だんだんわかってきた」
「みんなで騒いでその上グラフの式もわかってきて一石二鳥」
たまにはこういう授業もいいのではないだろうか。

25　竹ヒゴ利用　一次関数のグラフ

一次関数のグラフといえば、描くのに最初はグラフ用紙を準備したり、また同じ座標軸にいくつもグラフを描きいれると、だんだん見にくくなってきたりして、描く側も描かせる側もとにかく面倒なものである。
そこで私は1cm方眼に座標軸を入れた専用のグラフ用紙を1枚ずつ配布、それにはグラフを記入しないで、かわりに30cmの細い竹ヒゴを各自に1本ずつ配り、グラフ用紙上におかせてみた。

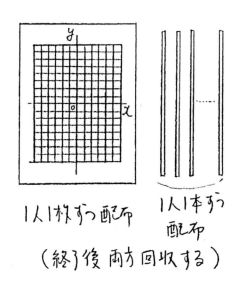

（長所）
教師側…グラフを描く同じような問題をはやく、いくつもさせることができる。
生徒側…定規を使って描く手間がはぶけて好評である。
（短所）
竹ヒゴの太さがどうしても無視できなので、おき方によっては狂ってきてしまう…

《思わぬ副産物》
これらの竹ヒゴやグラフ用紙は再回収して他クラスでも使用するのであるが、案の定ラクガキをほどこす者が出てくる。まえのクラスで回収したものを次のクラスでランダムに配布すると「アッ〇〇君の使った棒だ！！」ということで、細い棒にメッセージを入れたりして子供たちもけっこう楽しんでいるようなのである。
それらを見ていると、授業中には出てこない生徒たちの側面や、生徒の人間関係もかいま見ることができ、当時の生徒指導に役立ったことがあったのを覚えている。

26　カセット授業

1．目的
　　毎日の授業もマンネリ化して、ともすれば講義中心の単調なものになりがちな時期、少しでも形態をかえて生徒に迫り、授業へ積極的に取り組ませようとするものである。

2．実施方法
　・あらかじめ本日の授業講義内容をカセットテープに吹き込んでおいて、当日の授業はテープレコーダーの音声だけにまかせる。
　・時間は長くて20分程度
　・講座内容はいくつかの重要ポイントにしぼって説明。終了後もサラッと教師が肉声で復習をおこなう。
　・当日教師はだまって生徒の様子を観察、机間巡視をおこない、ときどき「カセットテープの指示どおり」と板書したりする。

3．具体的工夫例
　・開始の合図に玄関用チャイム等を利用。
　・ときどき出席番号による指名をおこない発問する。そして、答えられたかな、と思うころをみはからって「そうですね」。
　・重要ポイント箇所は声を大きく、時には「カセットテープだと思ってバカにするな！！」と怒鳴ったりする。
　・発問して考えさせている間に私の好きなムード音楽を流す。

4．カセット授業を終えて
（様子）
　・さすがに最初はみんなびっくり。いつもより集中していた。
　・聞き直すことができないので多少とまどう生徒も。
　・「よろしいですか？」と話すカセットに思わずうなずく生徒も。
（問題点）
　・収録に大変時間がかかる。
　・生徒を前にしていないせいか、どうしてもペースが速くなる。
　・声が聞き取りにくい時がある。

あらかじめ録音しておくため、実際と微妙なずれが生じ、それがまた違ったおもしろさとなって、授業に笑いも生まれたが、問題点も多かったようである。

27 相似（掃除）プリント

　2年生「相似」教材の単純な導入例である。最初まず下のようなプリントを配布、「この中に何種類の絵が描かれているか」考えさせる。
　その後教科書にて「相似」という用語を説明。1つの図形を拡大または縮小したものを互いに「そうじ」な図形であるということを知らせる。
　ただこれだけのふざけた例（？）である。

　単純で子供っぽい幼稚な例ではあるが、どうやっても内容を理解しようとしない低学力の生徒たちに、「相似」＝「ソウジ」＝「掃除」から相似のイメージが多少なりとも印象に残れば…

28　証明完成ゲーム

２年生の後半で出てくる「証明」の問題は苦手な生徒が多い。１年生のころは活発だった授業もだんだんシラケがちになり、それに輪をかけるように内容も難しくなり、ますます授業もイヤになってくる。そんなころに出てくるのが証明である。そこで今までと授業の形態を変えて友達同士で学習できる証明完成ゲームを考えてみた。

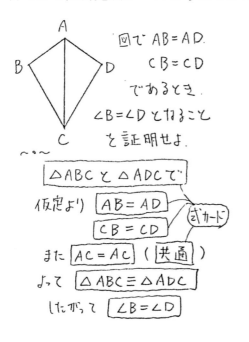

1. 問題文と図、その証明に必要な式カードすべてを２セット分用意する。
2. 問題を見る前にみんな式カードをひとり１枚ずつ受け取る。
3. 一斉に掲示された問題を見て、その証明を完成させるためには、まず、どのカードが必要なのかを判断。そのカードを持っている生徒が黒板へ出て式カードをおいていく。以下、順次１人ずつ該当するカードをおいていき、みんなで証明を完成させる。

これを２チームに分かれてどちらがはやく証明を完成させられるか…

最初のころに出てくる証明は、だいたい上のようなパターンであるが、なれない生徒たちは、はじめからいきなり結論が出てきたり、わかってもいない条件式が出てきたり…あやふやな場合が多い。それをグループ内で大騒ぎしながらみんなの協力、教え合いによって証明を完成させる。

なかには、証明には不要なカードも配布してあるが、式カードを持っている以上、みんなが問題を考えざるを得ない状況である。

29 等積変形自作教具（オモチャ）

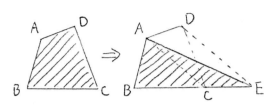

平行線の性質を利用した四角形の等積変形は2年生の教材の中でもかなり理解しにくいものである。底辺と高さが見にくい△ACDと△ACEの面積がなぜ等しくなるのか、たしかに考えにくい。が、両者を何度も見比べてみると、だんだん底辺がACに見えてきて、頂点Dからの高さがEまで移動しただけの面積の等しい三角形に見えてくるだろう。

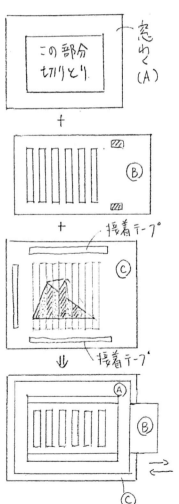

1. 厚紙で窓わくⒶと中窓Ⓑをつくる。Ⓑからは細長い四角形をそれぞれ切り取る。
2. 下の台紙ⒸへⒷの窓わくをうすくふちどり、図形の概形を一段ずつあいている窓を通して描く。
3. 図形を清書、色またはもようをつけて完成。
4. 台紙Ⓒへ接着テープを3カ所はりつけ、ⒷをはさんでⒶを上にのせて完成。

㊟ Ⓑの斜線部分を切り取り、この部分が対応するⒶⒸ面にマジックテープをうまくはりつけⒷが必要以上に動かぬように工夫する。

〈使い方〉
Ⓑが左についている状態では、四角形ABCDが窓をとおして見えるが、Ⓑを左へ5mmずらすと、今度は窓をとおして△ABEが浮かび上がってくる！！（㊟の操作により窓わくⒷは5mmしか移動できない）

30　アラビア語単語テスト

```
次にある単語50問は アラビア文字です
その日本語訳として 正しいと思われる方を ○印で
かこんで下さい。
───────────────────────────────
① [ア] 長い    小さい   ⑱ [ア] 窓    姉妹    ㉟ [ア] テーブル  川
② [ア] 男     少年    ⑲ [ア] よい   遠い    ㊱ [ア] 容易な   私
③ [ア] 目     手     ⑳ [ア] 夏    飛行場   ㊲ [ア] ハンカチ  大通り
④ [ア] 医者    召使い   ㉑ [ア] 先生   大学    ㊳ [ア] 自動車   美しい
⑤ [ア] 肉     ナイフ   ㉒ [ア] 中国   太陽    ㊴ [ア] リンゴ   茶
⑥ [ア] 動物    病気の   ㉓ [ア] 海    発音    ㊵ [ア] 大使館   名前
⑦ [ア] 友人    雨     ㉔ [ア] 新しい  尻     ㊶ [ア] 鍵     村
⑧ [ア] 商人    鉄     ㉕ [ア] 椅子   コーラン  ㊷ [ア] ほうき   来る
    :                    :
```

　統計といえば必ず何か「資料」が出てくるが、わざとらしい、あまり身近に感じられないものが多い。どうせなら自分たちのテストの結果などが使えないものかと思って考えたのが、この単語テスト。50問の○×式テストである。（資料は参考文献の中から少し引用させてもらった）

　ただのカンの問題だから点数をことさら気にする必要がないので、各自自分の点数を黒板に記し、後で皆がその点数を見ながら、まずは度数分布表を作成、平均や中央値・モード等を求めたりした。

　テスト中に「40点以上でラーメン1杯」と板書すると皆大喜び。「先生、本当やなあ」必死になって「○×式50問テスト」に取り組む子どもたち。ところがどっこい。単なる○×式50問テストで40問正解するのは大変難しいことなのである（通信14参照）。40問どころか35問あたりまでほとんど確率はゼロに近い。ということで、このラインを引き下げた年は何人か該当者が出てしまって焦ったものだ。

　またこのテスト、2年生を担当した際に毎年実施したが、不思議なことに全クラスで平均が25点を軽く上回り、28点台を記録したクラスもあった。子どもたちは潜在的にアラビア語を知っているのだろうか。

31　正負の数　計算早押し選手権

正負の数の計算のなかでも、まず大切なことは、たとえば －3 ＋ 5 ＝－8 などというまちがいのないようにすることであろう。基礎からきちっと教えていくことは当然必要なことであるが、それに加えて、反射的に－2 ＋ 6 ＝ 4 など答が出せることも大切ではないだろうか。

そこで、まだ実施まで至っていないが、次のような競争ゲームを考えた。

○準備

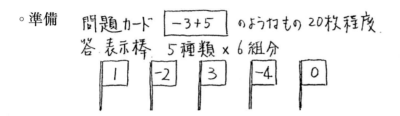

○方法
(1)数人ずつ 6 グループに分かれ、順番で全員参加とする。
(2)予選ということで最初の数人が前に出てきて、答指示棒のおいてある席につく。
(3)先生の示す問題カードの答がわかったら素早く指示棒をあげる。他のみんなで誰がいちばん早く上げたかを判定してポイントを与えていく。3 ポイントいちばん先に獲得した者が勝ち残り決勝戦へ進出。
(4)予選にて各グループから 1 名ずつ決勝に進出。出そろった 6 人で決勝戦を行い、優勝者を決定する。

○指導上の留意点　予想される問題点等
問題カードは、みんなが一斉に見ることができるよう配慮すること。
答指示棒の種類もできるだけふやして答えが覚えられないようにするなどなど。

32 正負の数四則計算小テスト

四則計算のやり方については、すでに小学校から次のように指導済である。
。かけざん、わりざんは先に実行、たしざん、ひきざんはあとである。
。（ ）内の計算を最優先、あとは原則として左から順に実行。
にもかかわらず、つい自分のやりやすいように勝手に思い込んで計算してしまう者がかなりいるようである。

```
     小テスト
(1)  24÷(-6)×(-2)
(2)  -3² + (-4)×2
(3)  -3×(-2)-(-6)÷2
(4)  -4²+(-3)×(-2)
(5)  32÷(-4)×(-2)
         1年  組
         氏名(     )
```

左の小テストは、自作のものであるが、一部に次のような細工を加えたものである。
(1)と(5)は同じ型、答えが整数。
(2)と(4)も　　〃
ただし(1)は(-4)×(-2)＝+8と正答が出やすいようにした一方、
(5)は32÷8＝4と間違えやすいように考えたものである。
数字のかけわりの組み合わせや、符号もできるだけ同じ条件にして、しかも(3)に一般的な問題をはさんで(1)と(5)、(2)と(4)の関係をぼかして小テストとして作成、以下がそれを実行した結果である。(37人中)

。(1)で「2」とまちがえたのが3人に対し
　(5)で「4」とまちがえたのが12人
。(2)で「-26」とまちがえたのが2人に対し
　(4)で「38」とまちがえたのが6人

明らかに、問題を見たかんじで勝手に思い込んで判断して計算していく傾向があらわれているといえよう。

33 ユニーク文章題小テスト

まず下の1年生「方程式の応用」文章題小テスト例を見ていただきたい。

〈特徴〉
○(1)と(3)は問い方がちがうだけで立式の結果はまったく同じ。
　間に(2)のような問をはさんでこれを目立たなくした。
○(1)は最低限の用語のみ使用、また考えやすいよう図もつけた。

〈結果〉(1)を正解した者の中で(3)を正解できなかった者はわずかに4人の
　　　　み！！　当初予想した(3)のまぎらわしい表現による混乱が原因で
　　　　誤答率が高くなる傾向はあまり見られなかった。

〈考察〉「問題文の意味がとれない」のではなく「基本的な時間、距離をあ
　　　　らわす文字式の扱いに不慣れ」な傾向があるのでは…

―――――――――（小テスト例）―――――――――

(1) A地からB地までは3000m。ある人がA地から途中のC地まで200m／分の速さで、C地からB地までは100m／分の速さで行くとA地から20分でB地に着くという。A地からC地までは何mあるか。

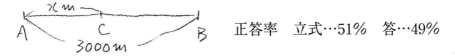

正答率　立式…51%　答…49%

(2) ふもとから山頂までの山道を、行きは時速2km、帰りは毎時5kmの速さで往復したところ7時間かかった。ふもとから山頂まで何kmあるか。

正答率　立式…76%　答…68%

(3) 鈴木君は罰掃除があるので朝8時15分までに登校しなくてはいけない。朝7時55分に家を出た鈴木君の歩く速さは毎分100m、走るときは歩きの2倍の速さである。遅刻の許されない鈴木君は学校までに何m以上走らないといけないか。ただし家から学校まで3000mとする。

正答率　立式…35%　答…35%

34　個人別相対評価小テスト

小テストのやり方にもいろいろある。どの程度の学力がついたか見るためのテストもあれば、勉強させるための発奮剤に利用することもあるが、いちばん大切なのは子供たち自身がしっかりした目標を持って取りくみ、いかにそのテストを生かしていけるかである。それに加えて、いつも点数が悪く、あきらめがちな生徒も意欲が持てるように、私は次のような独自の小テストを考えた。

```
─ 小テスト例　1回目用 ─
1. $-2^2+(-3)^2\times 4$ を計算せよ。
2. $\frac{1}{3}(2x-1)=4+x$ を解け
3. $y=2x-5$ をxについて解け
```

```
─ 小テスト例　2回目用 ─
1. $-3^2+(-2)^2\times(-1)$ を計算せよ。
2. $\frac{1}{4}(3x-2)=2x+1$ を解け
3. $y=3x+2$ をxについて解け
```

（実施方法と指導上の留意点）
1．いきなり何の予告もなく小テスト。即採点し生徒にすぐ返却する。
2．返却された小テストの反省にもとづき、まちがった箇所を復習。
　このあたりで「次に行うのが本当の試験です。このテストでは、正答数からさっきの小テストの正答数をひいた残りを点数に換算します」と発表。
3．2回目の小テストの問も上のように必ず同じ傾向のものとし、1回目はともかく2回目はどんな問でも点が取りやすいよう配慮。
4．2回目のテストは授業終了前。それまでの間、この内容についての復習を各自でおこなう。
5．2回目の小テストにて1回目より何点UPしたかということで各自に評価させる。高得点の者についてはみんなに紹介しても…
6．全員分集計してクラス全体として「○点上がった」と評価。この1時間の学習の成果とうけとらせ、学習したことを大切にする。

35 　数の大小トーナメント

「正の数負の数」にて扱う数の範囲が、負の数にまで拡張され、負の数としての大小と、その絶対値の大小関係とが混乱しがちなこの時期、正の数、負の数の大小比較は大切な内容である。
そこで、次のような形式で演習をしてみてはどうだろうか。

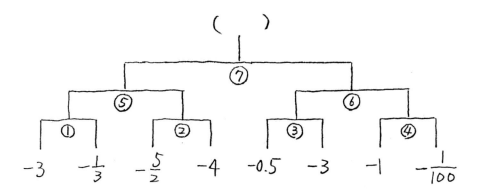

第1試合は －3 と －1/3 で大小比較をおこない －1/3 が2回戦へ
第2試合は －5/2 と －4 で －5/2 が、第3試合は －0.5 と －3 で －0.5 が次に進むといったかんじで…
順次、大小　比較により大きい数が勝ち進むというトーナメント式で楽しく考えさせるのである。
中体連の春季大会も近くなり、また協会の試合等もあって各種のトーナメントを目にすることも多くなってくるだろう。この場合、各数の大小はすべてわかるわけだから、さらに進んでシードの意味も考えることができるかもしれない。
数字を入れかえるだけで新しく何度も使うことができるが、同じ数字ならば、どう入れかえようが、優勝するのは、この場合 －1/100 で変わらない。
その場で入れかえて生徒にさせてみると、地道に一生けん命がんばって、結果、－1/100 の優勝。
気づくまでおもしろいのでは。演習の方法の一例としていいのではないだろうか。

36　式の計算トーナメント

方法を理解したら、計算技能を身につけるために、地道な計算が必要になってくるこの時期、次のような形式にて、多項式の加減、単項式の乗除を演習させてみた。

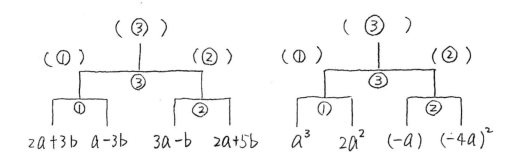

左側のトーナメントは多項式の加減用、右側は乗除用である。
加減用の第1試合は、$(2a + 3b) + (a - 3b) = 3a$
　　　　第2試合は、$(3a - b) + (2a + 5b) = 5a + 4b$
　　　　決勝は、$3a + (5a + 4b) = 8a + 4b$ → 優勝

乗除用の第1試合は、$a^3 \times 2a^2 = 2a^5$
　　　　第2試合は、$(-a) \times (-4a)^2 = -16a^3$
　　　　決勝は、$2a^5 \times (-16a^3) = -32a^8$ → 優勝

加減用の場合、各試合とも「左の式から右の式をひく」という約束で「ひきざん」としての優勝を決めたりすることもできる。
しかし、第3試合については、①式と②式がどんな式で表せるのか、しっかりしておかないといけない。
多項式を1つのもの（チーム）として見ることなど、生徒にとって必要な感覚なのではないだろうか。

37　正負の数　計算ビンゴ！！

各種のオリエンテーションでよく行われるのがビンゴゲームであるが、まずはじめに、正方形のマスにあらかじめ数字を入れさせよう。その後、教師が提供する問題の答に該当する数字があれば○印をつけ、これが一列に並べばビンゴ！！　となるわけである。

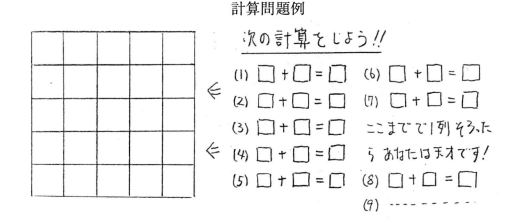

計算問題例

上記のようなプリントを配布したあと、問題の式を、教師が１問ずつ、答が重複しないように考えながら言っていくのである。
あるクラスでは一列そろう者が出るまでに10問かかったが、7問目でビンゴ！！　が出たクラスもということもあるだろう。。次の問題は何だろうか。答がこうなればいいが…と考えながら教師の発問を聞こうとする子どもたち。同じ計算を10問させるのでも、これだけの工夫で反応がかなり違ってくるのではないだろうか。

——こんな展開例もある——
1　まず100マスプリントを配布、0をのぞいて-50から50までの整数をひとつずつ重複しないように入れさせる。
2　計算問題をぎっしりプリントしたものを配布。(1)から順にやらせるのではなく、好きな問題からやってよいことにしておき、出た答に対応するマスをぬりつぶしていく。
3　ぬりつぶされたマスが一列に並べば終わってよいことにする。

38 正負の数　罰リーグ

数学の場合、時間のかかる計算問題を宿題に出すことがやはり多い。そこできちっとやってくる者もいれば、しっかり忘れる者もいて、その忘れる者、またはやってこない者ほど学力が低いものである。

こんなとき、どう対処するのがいいだろうか。とりあえず注意を与え、重なってくると懲罰を加えたりして体力的にこらしめたりすることもよくあるようだが、どうせなら生徒の計算力の向上にもつながるだろうこんな方法はいかがなものだろうか。

次の表は、リーグ戦を行うときの組合せ表である。

	(1) −3	(2) 8	(3) −4	(4) −1	計
(1) −3					
(2) 8					
(3) −4					
(4) −1					
計					

⇓

	(1) −3	(2) 8	(3) −4	(4) −1	計
(1) −3	−6	5	−7	−4	−12
(2) 8	5	16	4	7	32
(3) −4	−7	4	−8	−5	−16
(4) −1	−4	7	−5	−2	−4
計	−12	32	−16	−4	0

各チームの欄に適当に正負の数を入れたものを与え、その数どうしを対戦させ、対応する数の和を書かせるのである。

この場合、自チームどうしが対戦することもあるということにしておき、全マスを2数の和としてうめさせる。

ついでに合計の欄も完成させる。「宿題忘れ」の程度によって、組合せ表も4チーム用～6チーム用など、何種類か用意しておき、教師がいう計算が不得意であまりできない者に対しては、最初に入れる数で配慮することもできる。とにかく「がんばれば必ずできる」課題を「バツ」として与えるのである。これぞ名付けて「正負の数　罰リーグ」である。

39 正負の数　四則演算トーナメント

四則演算のゲームもいろいろ考えられるが、ある研修旅行の帰りに車内で思いついたこのゲームは意外性もあっておもしろい。レク的な色彩が強いが、基本的な計算力をしっかり定着させる１つの方法としていかがなものであろうか。

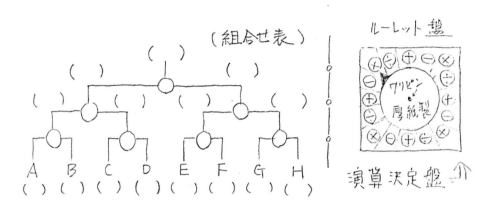

1. 上のようなトーナメント用紙を配布。Ａ～Ｈの中に各自、自分の好きな数字（ひと桁の整数。負の数も入れる）を書き込む。
2. 右上のような「演算決定盤」をおもむろに取り出し、１回戦から順に演算を決定。○印の中に書き込み、各自計算させる。
3. ２回戦に進出する数がそろったら、また同じように演算を決定し、計算をすすめていく。
4. 決勝の結果、最終的に出た数が一番大きい人が勝ち。

――指導上の留意点――

◦減法…左の数から右の数をひく。除法についても同様⇒分数表示となる。
◦最初から割り算が出てくると、そのあと分数計算が必要以上に煩雑になることも考えられる。状況によってルーレットの÷のところに「目かくし」をして１回戦だけは割り算を入れないようにしてもよい。
◦計算を分担したり確認したりするのに２、３人のグループ対抗にしてゲームさせてもよい。

40 カード利用　文字式の計算

３x－４－５x＋６のような一次式を同類項をまとめて計算する。このあたりから生徒にとっては難しくなり、かつ大変重要な内容になるので、まず感覚的に同類項をまとめることを理解させたい。

〈準備するもの〉

次の単元の方程式で「移項」の説明にも使えるように下図のように磁石をつける。

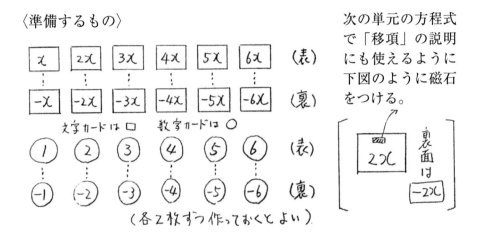

〈説明方法〉
まず、教師が板書する一次式の問題を、カードを使って生徒に並べさせてみる。次に計算しやすいようにカードを並べかえ、同類項をまとめさせるのである。カードを実際に手で触って並べかえて考えるところに意義があるのでは…

―例―
　　3x－4－5x＋6
　＝ ③x ⊖4 ⊖5x ⑥
　＝ ③x ⊖5x ⊖4 ⑥
　＝ －2x＋2

同類項をまとめるというだけのことであるが、はじめのうちは理解しにくい生徒もいるようである。つい３x＋２＝５xとしてしまったりする。これを放っておくと２年生になってから
　　　　３x＋５y＝８xy
などとすることになり、その後の式の計算の内容については理解できるはずがないであろう。

41 文字と式「代入計算ゲーム」

黒板を広く利用した1年生向け授業演習案である。
準備等が多少面倒であるが、とにかく代入とは…文字のかわりに数字を入れ込むことだというイメージをゲームを通して強く持たせたい。

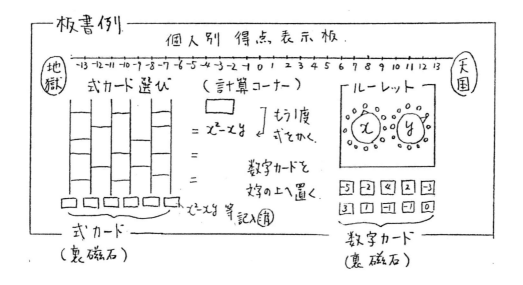

1. まず最初に、黒板左のアミダコーナーで代入すべき式カードを選ぶ。
2. ルーレットにより、xに代入する数、yに代入する数を決定。
3. 式カードを「計算コーナー」へはりつけ、もう一度式カードに書かれている式を板書する
4. ルーレットの下にある数字カードのなかからx, yに代入する数をもってきて、いま板書した式のx, yの部分へ上からはりつける。(この間、他の生徒たちも各自ノートで計算)
5. 黒板上で代入した式の値を計算し、その結果を個人の得点として、数直線上に名札カード（別に用意）をおく。
   この名札カードが天国に近ければよい、というわけである。

42 高い山の気温

身近なところにある一次関数の例である。

一般的に、地球の表面上（対流圏）では、標高が1km高くなるにつれて、気温が6℃ずつ下がることがわかっている。もし平地の気温が25℃であるとすると、1000mの高地では19℃。

それでは世界各地にある高山の気温はどうなるであろうか、ということで計算させ、左のような図に記入してもらう。

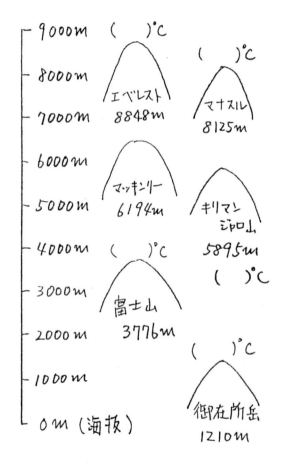

次に方程式をつくる。山の高さをxm、その山頂の気温をy℃とすると

$$y = 25 - \left(\frac{6}{1000}\right)x$$

と表され、

傾き$-\frac{6}{1000}$、切片25

の一次関数のグラフが描けるのである。

この式のグラフから、逆に気温が0℃になってしまう高さは何mなのか、また、地上の気温が10℃であるときの各山頂の気温はどうなるのかを計算させたりすることもできる。

y（つまり気温）がx（つまりその土地の高さ）によってただ1つに決まってくることから、「関数」というものを理解させる方法である。

この内容は当時中学生に対して夏休みの課題として各校で出されていた「夏休みの友」に採用していただいた中身である。

43　y＝ax＋bグラフ争奪戦ゲーム

> 次の条件に当てはまるグラフの式を答えよ
>
> ㋐ $y=2x+3$　㋑ $y=2x$　㋒ $y=\frac{1}{2}x-4$　㋓ $y=-2x-4$
> ㋔ $y=x$　　　㋕ $y=\frac{1}{2}x$　㋖ $y=-\frac{1}{2}x+3$　㋗ $y=-\frac{1}{2}x$
>
> (1) グラフが原点を通るものはどれか
> (2) xが1増加したとき yが2増加するものはどれか
> (3) グラフをかくと互いに平行になるものはどれとどれか

(1) グラフが原点を通るものはどれか。
(2) xが1増加したとき、yが2増加するものはどれか。
(3) グラフを描くと互いに平行になるものはどれか。

グラフと式の理解を深めるために上のような問題が出されることがよくあるが、教師が黒板で基本事項を説明しながら計算させても、生徒たちにはあまりおもしろくない。そこで、準備があまり必要ない、実に簡単にできる次のような演習ゲームを考えてみた。

$\boxed{y=2x}$　$\boxed{y=2x+3}$
$\boxed{y=-x}$　$\boxed{y=-\frac{1}{2}x+1}$
$\boxed{y=3x}$　$\boxed{y=-x+3}$

このような厚紙のカード片にグラフの式を書き入れ（裏に磁石）、いくつか用意する。教師側の準備はこれだけである！！
それを黒板上にバラまき、教師の言う条件を満たす式のカード片を生徒が出てきて取り合うのである。

最初はとまどいながらも、一人が出はじめると、続々と後につづき、先を争ってカードを取り合う生徒たち。なかには黒板の上の方にはってある式グラフ片に背が低くて届かないのでJUMPしてとる生徒も…
グラフの式がどれか判明したら、そのつど解説を加える。それをくり返せば、最初よくわからなかった生徒もだんだんわかってくるものである。
要は生徒自身が演習にのってくるかどうかである。

44　小さい秋見つけた！！

平面図形の基礎のところで、図形の移動として、平行移動、回転移動、対称移動を習う。しかし教科書の提示は次のように固く、あまりおもしろみのないものである。

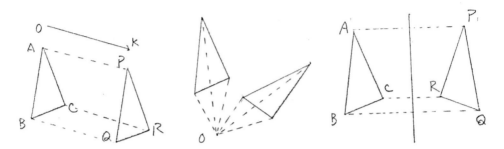

これが図形の移動の定義である以上、仕方のないことであるが、これ自体はそんなに難しい内容ではない。それだけに形式的な学習で終わりがちである。そうさせないで少しでもこの「移動」を身近なものに感じ、いろいろな場面で応用できるように、ということで、左に示すような「暗号文クイズ」を考えてみた。

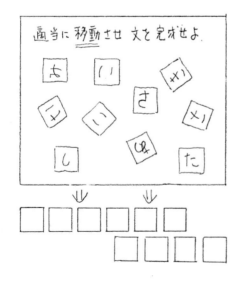

この10文字を上の「移動」の方法を使って下の□の中に適当な順で移動させ、意味のある文章をつくりだすのである。対称移動も入っているため、たとえば

　　$\boxed{さ}$ という文字は $\boxed{ち}$

　　$\boxed{し}$ は回転も加えて $\boxed{つ}$

と読ませなければこの場合は解答が出てこないのである。

45　∠CAT と ∠DOG（角の表し方）

1年生の図形の基礎で、まず△ABCの辺ABや∠A、∠Bなど、記号を使った表し方を学習する。大多数の生徒はすんなり理解していくのだが、∠Bではなくて∠ABCと表したりするときなどやはり混乱するようである。そこで次のような問題クイズを考えてみた。

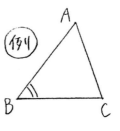

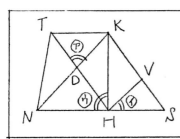

この図で㋐㋑の角をそれぞれ表せ。
答　㋐…∠TDK　㋑…∠VHS
また㋒の角をうまく表すと大きなテレビ局が出てきます。
さて何でしょう。…∠NHK

角を書き表せば何かが出てくるのである。
頂点のおき方によっては、∠TBS ∠NTV ∠PLO ∠IMF などなど…
昔、∠PCB や ∠PKO と授業中に偶然出てきて笑った（昔はウケた）ことから思いついた。かなり低次元な内容であるが、どうせならもう一歩進んで英語の勉強もやってみよう、ということで…

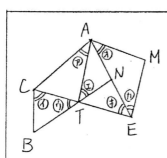

次の角の中にネコがかくれています。さてどこの角のところでしょう。…答∠CATで㋐
男の人もいます。どこに？…答∠MANで㋒
たくさんいるのは…答∠MENで㋕
（イジワルクイズ）
㋖の角度は…答10度（∠TEN）

問題をつくるのも楽しいものである。
生徒に作らせてみるのもいいかもしれない。この他、線分OK、WC、AMにFM…略語の研究にもなるのでは…

46 厚紙シリーズ

身近にある厚紙（白表紙）を使った、本当に簡単なオリジナル教材である。たったこれだけのものだが、簡単であるがゆえに誰にでもすぐ作れ、使うことのできる教具（というほどのものでもないが…）ではないだろうか。

1．痴漢（置換）撃退用文字カード

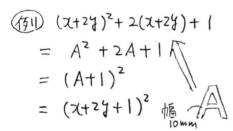

左のような因数分解では、$x + 2y = A$ と置き換えて考えるとよい。このとき実際に厚紙で「A」の文字だけを切り抜き（太さ約1cm強）、裏に磁石をつけて、黒板の問題式の置き換えたい式の上に直接おいてやるのである！！

文字をかたどっただけのものなので、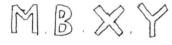をおいたまま下の黒板の式が見ることができ、便利である。

…など、他にもいくつか用意しておくとよい。

2．因数分解…共通因数切り離し作戦

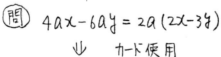

裏側の2aと2x、2aと3yをそれぞれ生徒の目の前で切り離し実演。

もちろん1回しか使えないが…テープではり合わせれば2〜3回はOK。

3．展開公式　抽入教具

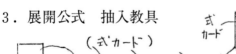

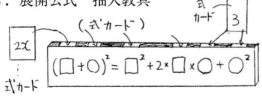

厚紙数枚をはり合わせ、□や○のところは切り抜き窓をつくり式カードを入れられるようにする。

47　√2 の近似値

中3になってはじめて出てくる無理数は、やはり生徒にとって理解しにくいものである。√2 からして 1.41421356… と無限に続く数であり、しかも √2、√3 などと便宜上書き表すだけなので、有理数との大小比較もピンときにくい。それだけに√の学習がひととおり終わってからでも、もう一度課外学習のような形で √2 の値を自分で計算して出させてみては…

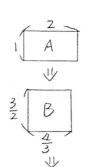

1. 長方形 A の面積は 2。以下、この面積を変えないで長方形 B、C、D をつくっていくものとする。
2. 長方形 B の縦の長さを A の縦と横の平均の長さ $\left(=\dfrac{3}{2}\right)$ にとる。したがって B の横の長さは
   面積が 2 であることから $\left(\dfrac{3}{2}\right)x=2$ より $x=\dfrac{4}{3}$
3. 長方形 C の縦の長さを B の縦と横の平均にとる。

$$\left[\left(\dfrac{3}{2}+\dfrac{4}{3}\right)\div 2 = \dfrac{17}{12}\right]$$

当然、横の長さは面積が 2 であることから $\left(\dfrac{17}{12}\right)x=2$ より $x=\dfrac{24}{17}$

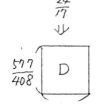

4. 以下、順次これをくり返していく。
   はじめの四角形 A は縦、横の長さの比が 1:2 の長方形であるが、面積を変えないで、縦の長さを手前の四角形の縦横の平均にとっていくため、だんだん面積が 2 の正方形に近づいていくことになり、極限値は √2 ということになる。

 D の四角形ですでに、たて $\dfrac{577}{408}=1.414215\cdots$ となり、

かなりのスピードで √2 に収束していく。通分の計算や、分数を小数に直すところについては電卓も使用させればよい。
2乗計算のくりかえしによるはさみうちで近似値を求める方法もストレートで意味はわかりやすいが、図形的に面積が 2 の四角形の等積変形によるこの方法もまた生徒にとってはわかりやすいのでは…

48 平方根クイズ タイムショック！！

25の平方根は？ と聞かれれば±5、$\sqrt{25}=5$ 等、平方根のところは$\sqrt{}$の記号や±など大変混乱しやすい。多くの問題練習等で慣れていけばいいわけであるが、生徒の実態を考えると、目の前にニンジン（目標）をぶら下げることも必要である。
そこでユニークな方法「平方根クイズ タイムショック」を考えてみた。

準備
○昔TVでやっていた「クイズ タイムショック」の要領で、5秒間隔で問題をあらかじめ吹き込んであるカセットテープ
○カセットテレコ、チャイム（正解用）解答表

方法
○1人ずつ順番に挑戦。または班単位でもよい。
　　（ただし、さわがしいと問題がきこえないので注意）
○解答表をみながら、判定係の生徒が、正解のチャイムをならす。
○正解が3問以下ならバツゲーム（？）

問題例（基本編）
1　5の平方根は？
2　$\sqrt{100}$を整数で表すと…
3　16の平方根は？
4　6を$\sqrt{}$の記号を使って表すと…
5　$\sqrt{49}$はいくつのことか
6　100の平方根は？
7　$\sqrt{18}$を$a\sqrt{b}$の形で表すと…
8　では$4\sqrt{2}$を$\sqrt{a}$の形でどうぞ
9　3の平方根は？
10　$\sqrt{2}\times\sqrt{3}$はいくつになる？
11　4を$\sqrt{}$の記号を使って表すと…
12　$\sqrt{25}$っていくつのこと？

問題例（応用編）
1　$\sqrt{32}$を$a\sqrt{b}$の形で表すと…
2　$\sqrt{178}$は整数部分が何桁？
3　21の平方根は？
4　$\sqrt{8}$と3、小さい方はどっち？
5　4を$\sqrt{}$の記号を使って表すと…
6　じゃあ-5を$\sqrt{}$で表してください
7　2.2360679…これ何の近似値？
8　今何問目？
9　じゃあ8の平方はいくつ？
10　$\sqrt{64}$を$\sqrt{}$を使わないで表すと…
11　100の平方根は？
12　$\sqrt{3}$の近似値を小数点以下3位まで

49　平方根トランプ

　3年生になって新しく習う無理数は√の記号の定着が難しく、なかなか $\sqrt{9}=3$ などというようには出てこないようである。ともすると16の平方根（正のもの）が $\sqrt{4}$ となったりする。
　そこで、これらを定着させるために、みんなで行う次のようなゲームを考えた。

1	$\sqrt{1}$	$(\sqrt{1})^2$	$\sqrt{(-1)^2}$
2	$\sqrt{4}$	$(\sqrt{2})^2$	$\sqrt{(-2)^2}$
3	$\sqrt{9}$	$(\sqrt{3})^2$	$\sqrt{(-3)^2}$
4	$\sqrt{16}$	$(\sqrt{4})^2$	$\sqrt{(-4)^2}$
5	$\sqrt{25}$	$(\sqrt{5})^2$	$\sqrt{(-5)^2}$
-1	$-\sqrt{1}$	$-(\sqrt{1})^2$	$-\sqrt{(-1)^2}$
-2	$-\sqrt{4}$	$-(\sqrt{2})^2$	$-\sqrt{(-2)^2}$
-3	$-\sqrt{9}$	$-(\sqrt{3})^2$	$-\sqrt{(-3)^2}$
-4	$-\sqrt{16}$	$-(\sqrt{4})^2$	$-\sqrt{(-4)^2}$
-5	$-\sqrt{25}$	$-(\sqrt{5})^2$	$-\sqrt{(-5)^2}$
ババ	ババ		

（カードに数を記入
　生徒に自作させてもよい）

〈準備〉
・厚紙カード（トランプ用）42枚一組を5～6セット
・それぞれのカードに左の表にある数字を記入して「平方根トランプ」作成
・残り2枚はババのカードということでオールマイティ、どんな数を入れてもよい。

〈方法〉
1. 6～7人のグループを構成し、それぞれの班でトランプをよく切って、1人7～6枚ずつ配布する。
2. トランプの「戦争」ゲームの方法で各自が1枚ずつ全員同時に前へカードを裏向けて出し、いちばん数の大きかった人が勝ち。全カードをもらう。
3. 最終的に持っているカードの枚数が多ければ勝ちとなる。

　慣れないうちは、見ただけでは同じ数のカードなのかなかなかわからないので、カードの数一覧表を準備する。それでもかなり混乱することが予想されるが、その都度みんなでワイワイ教え合いながらゲームをかさねていくことで定着も深まるのではないだろうか。

50 視力検査表

中学も3年生になってくると、勉強の疲れ（？）のせいか視力の低下が気になるところである。毎年の健康診断の視力検査で、じっと目をこらして一生けんめい見ようとする子どもたち。

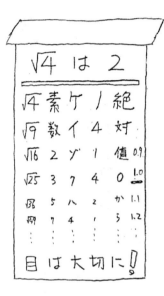

そこで、授業中にも視力検査を、というわけでもないのだが、次のような表を、授業中、黒板の脇にでもはってみてはどうだろうか。

こんなつまらない内容でも、見ると人間の心理としてつい下の方まで目がいってしまうのではないかと思う。

もちろん字の大きさによっては下まで見えない生徒も多いと思うが、見えないと妙に気になるもので、自分で考えたり、授業後に前まで確認に来たり、友達と話したりするものではないだろうか。模造紙または画用紙に順に小さく書き、裏へマグシートをつけて、授業等で根気強く常時掲示するのである。

右は他の例である。クラス担任をした場合、テスト前の教室掲示としてもじゅうぶん利用できる（生徒に自作させる）。授業がつまらなくなってきたときなど、根本的な解決にはならないのだが、こういう刺激もたまにはどうだろうか。

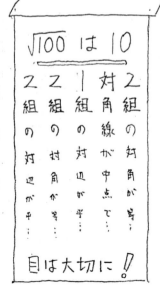
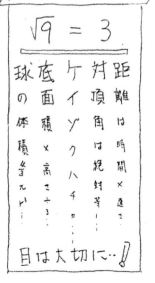

51 ウソも方便！？

中学2，3年になってくると、やはり内容が難しくなってくるのか、授業中もだんだん活気がなくなってくるのが一般的である。授業に対しても受け身になりがちで、自分から考えようとせず、ただ漫然と説明を聞いて黒板を写すだけになる者も多くなってくるこの時期、次のような突拍子もないことを考えてみた。

内容
黒板での説明中、授業のヤマ場に近くなるとき、教師が基本的な計算等でわざとまちがえる。

そして注意を引き、生徒からの指摘を大切にして、これからのテストでのまちがい等を少なくさせる一助とする。

方法
1．説明でまちがえる前にその予告をする。（忘れてもよい）
2．先生の失策がわかった人はその段階ですぐ指摘する。いちばん早く指摘できた者について評価する。
3．教師の失策があったにもかかわらず、何の指摘もないまま説明がすすんでいってしまった場合、ポケットにしのばせておいたブザーを鳴らして、警告を与える。
4．何度か回をかさねたあと、特に大切なことを説明する場合、今度はわざとまちがえないで済ませ、「最初の予告がまちがい」。

まだ実践するに至っていないので、効果があるかどうかはわからないが「わざとまちがえる」ポイントは大切であろう。混乱をさけるために、新しく習得させるべき内容については"失策"を犯さず、よくある基本的な計算等でまちがえるようにする配慮は必要だと思う。

あまりひんぱんに行うと、教師としての評価にもつながる可能性があるので、たまに授業に取り入れてみてはどうだろうか。

52　自作問題プリント

$$
\begin{array}{ll}
(1) & 10^2 = \\
(2) & -10^2 = \\
(3) & (-4)^2 = \\
(4) & -20^2 = \\
\hline
& 合計（　　） \\
\end{array}
$$

まず左の4問を見ていただきたい。1年の段階ではまだまちがいやすい指数を扱った問であるが、答を合計すると516、当地（伊勢）の郵便番号が出てくるのである。

教科書の練習問題が早くできてしまって、ヒマそうにしている生徒たちのために即席でつくったものであるが、指数をとり入れ、しかも答の合計が516になるように4問を構成しようとするとわりあい難しい。何問かの試行錯誤をくりかえした。ちょっとした問題をつくるだけでかなりの計算を要する。しかし逆にこれを利用できないものか。

各自で、あるものを表す数字が出てくるような問をつくらせるのである。答の合計でもいいし、単に答を並べるだけのものでもよい。とにかく試行錯誤させながら、ユニークな問題を考えさせ、友人と交換しあうのである。そのためには教師側からも各種問題をつくっておく。

案としては…

(1)全校生徒数　(2)本日の日付　(3)担任のTEL番号
(4)自分の車のナンバー　(5)現在の円相場　etc

教師の側からはできるだけ身のまわりのいろいろな数字に触れる。たとえば「1世帯あたりの平均家族人数」等、できれば社会面のニュースで大きく取り上げられた数字をタイムリーに扱うとよい。

最後に

(1) $-5+4^2$　(2) $6^2-2\times 4^2+1$　(3) $(-7)^2-7$
(4) $-(-2^2)+5$　(5) $2\times 5^2-(-3)$　(6) $(-3)^2$　(7) $(-2)^4-1$
(8) $-3^2-(-4)\times 5$　(9) $2^3+3\times(-2)$　(10) $6^2\div(-2^2)\div(-3)$

答を(1)から(10)まで区切らずに並べると１１５４２９５３９１５１１２３
いったいこれは何を表す数字なのか…
一般的に働きすぎといわれる日本人にはピンときにくいのかもしれないが…

答 祝日を並べたものです
$1/15$ や $9/15$ は当時必ず祝日でした。

53 オリジナルヒントプリント

勉強のあまり好きでない生徒たちにとって、計算問題などただやるだけでは本当に面白くないものである。しかし正確に計算をすれば何かが出てくるというものであれば…と思って、今まだ実施していない段階ではあるが、計算問題のあとに次のようなヒントをつけることを考えてみた。当然答の合計が原選手の背番号(8)になるように作問してあるわけである。

```
(1) x² + 2x + 1 = 0
(2) x² - 9 = 0
(3) x² - 2x - 15 = 0
(4) x² - 9x + 7 = 4x - 5
(5) (x + 3)² = 9
<ヒント> (1)〜(5)の答を合計すると
巨人軍の原選手の背番号が出てきます…
```

この他にもいろいろ考えてみたが、ヒントがあまりにもやさしすぎると、かえってそのヒントから逆算して、計算もしないで答を出してくる者もあらわれるのではないか？

そこでもう一歩進んで「これを使って違う分野の学問も…」というわけで、次のような問題も考えてみた。

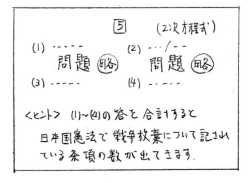
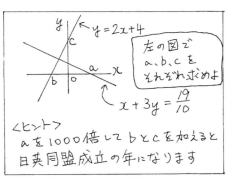

中3生にとっても憲法9条は常識である。しかし、それを知らなくても、正確に計算すればヒントの答えが出てくるわけで、これを機会に数学以外の勉強もできるのである…

　　この他いろいろ（例）

　　理…原子番号 etc
　　国…俳句の字数
　　体…バスケット1チーム人数

54 特典（得点）付小テスト（オリジナル版）

子どもたちにとってテストはやはりいやなものである。また内容もだんだん難しくなってくるので、不得意な生徒は毎回0点、10点、20点と100点にはほど遠く、彼らにとってはおもしろくない。点数に大きな差が出てくるのは宿命なのかもしれないが、私は、たまにはもっと多くの生徒が「100点」を取れればといいと思い、それを目指すことができそうなオリジナル版小テストを考えてみた。

```
次の各問に答えなさい。（1問10点）
(1) 24を素因数分解せよ
(2) -5×(-3+2) を計算せよ
(3) x=-3 のとき -3x² の値を
(4) 4x+3y-5x-6y を計算せよ
 ⋮
(12) 半径6cmの円の面積を求めよ
```

何のへんてつもない小テストのようであるが、取りかかる前に以下の点を伝える。
① 「自分が自信のある問題3つに○印をつけなさい。それが正解したら2倍の得点を与えます。もしまちがえても減点はもとのままです」
② 「パスは2回まで、自信ないなと思ったら、その問はパスして結構です」（減点対象外）
1問10点で12問あるので2問パスしても100点は可能、おまけに3問2倍になる問題があり、自分の得意なものが2〜3できただけで、かなりの点数がとれるようになっている。これなら点数的にも希望がもてる子が増え、またテストしていても多少は気分がちがうのでは…
また、あまりにも他人の点数にこだわるふんいきがあれば次の言葉をつけくわえては…
「今回の小テストは現時点でのこの内容の理解度をみるためのものです。このテストで100点をとれれば合格とみてよいでしょう。点数upのチャンスですよ。だれが最高点をとるか、友達に勝ったか、でなくてクラス内の何人が100点をとることができるか、ということで私もみなさんを評価したいと思います。がんばってください」

55 数学練習試合

数学では教科の性質上よく小テストが行われる。しかしそのまま与えたのでは子供たちも目標を持ってとりくみにくいし、やはり「イヤなテスト」というだけになってしまい能がない。そこで私は小テストの内容に前任校で実施した問題とその正答率の結果を利用、クラス全体としてその正答率に勝てるか（上回れるか）と持ちかけてみた。

```
（式の計算）              （前任校）（本校）
(1)  2a+3-5a+7           ×印  6人   3人
(2)  3(x-4)-4(x-1)       ×印  9人   9人
（方程式）                （前任校）（本校）
(3)  2x+3=4x-5           ×印数 8人  10人
(4)  7-x=-3x+8           ×印数 14人 14人
         合計                  37    36
```

左は1年生の10月末実施した結果である。これによると、「式の計算」という「種目」では、×印数が少ない本校の勝ち。「方程式」とくに(3)のような基本型の「種目」では前任校の勝ち
…（クラス総人数は調整済）

でもこれではあまりにも露骨で、いくらクラス全員が「選手」であるとはいえ、まちがった生徒にホコ先が向けられてしまう。それではいけないので、生徒に対しては、一応4問合計しての総誤答数を人数換算して取り上げることにした。「今からやる小テストで、みんなのまちがいの合計数が○○以内なら、この問題はキミたちの勝ちです」と投げかけ、この「練習試合」に勝利をおさめることができるように、小テストの前にみんなで教え合いをして勉強させるのである。

部活動には、日頃の練習の成果をためす場として、それぞれ各種の大会があり、その前に練習試合を組むこともあるが、教科の学習にはそれがない。入学試験という大きな大会はあるが、目標をもつという意味ではあまり適切なものではない。それより軽く考えて、ちょっとした刺激という意味で「数学の練習試合」を考えてみた次第である。

56 5進法愛情うらない

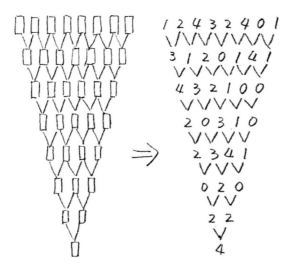

以前扱われていた2進法、5進法が、コンピューターの普及に伴ってか、また指導されるようになった。
「5になると1桁くり上がって10になる」という感覚はやはり大変まちがえやすいものである。ふだんそれを使う場面がないだけに慣れるまではどんどん計算練習をする必要があろう。

そこで次のようなことを考えてみた。
1．マス目のみが入ったプリント（上図左）をまず配布する。
2．各自最上段のマス目に0, 1, 2, 3, 4の数字を適当に入れる（入れ方については下欄も参照）。
3．2段目のマス内に、それぞれ左右の数を加えた結果の数を入れる（もちろん5進法）。
4．3段目、4段目と次々にたしざんして記入。
5．最後の数字を出して愛情（？）を占う…

(数字の入れ方)
・自分の名前、好きな人（？）の名前の文字から決定しよう
・各文字の母音により右の規則に従って入れる。
　（ア段…1 イ段…2 ウ段…3 エ段…4 オ段…0）

生徒（とくに女生徒）は占いのたぐいが大好きである。さかんに好きな人の名前のイニシャル等から数字化して、このように計算してはしゃいでいたのを見たことがある。こんなにまで一生けん命になれるこの作業を学習にも使わない手はない！！　と考えた次第である。

57　自家製計算練習盤

　自作の計算練習盤である。切り取った窓から例題と答、そして次の問題がわかるようになっていて、さらに回転させると、問題とその答、そしてまたその次の問題が出てくるのである。下にある代入の問題は、代入する式が $-x^2$ だけであるが、次々と回転させているうちに文字のところに数字が入るイメージが自然と定着してくるのではないだろうか。授業の余った時間や学年末等に自作させるといい。

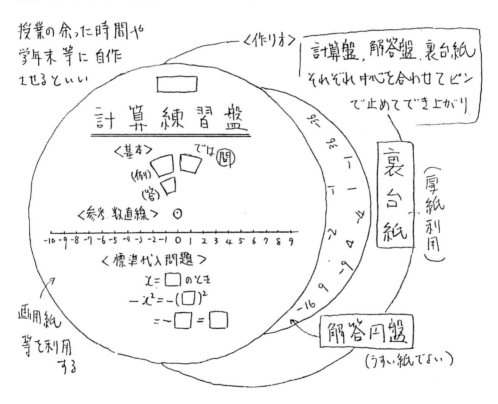

　またいちばん上の□については、裏台紙の余白に問題等を自分で書き込み、その答を□の中にうまく当てはまるように自分で書き入れて利用する。できる生徒にとってはこの部分の利用がポイントになる。うまく完成すれば、手にとって回転させているだけで1年生の重要な事柄がイメージできてくるのではないだろうか。

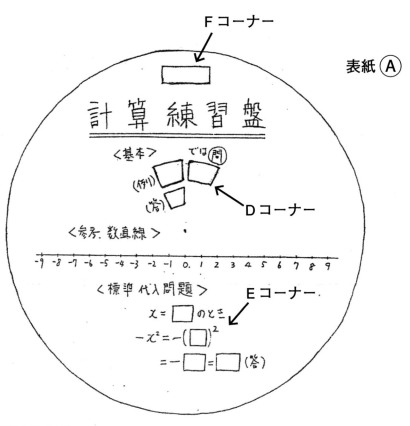

表紙 Ⓐ

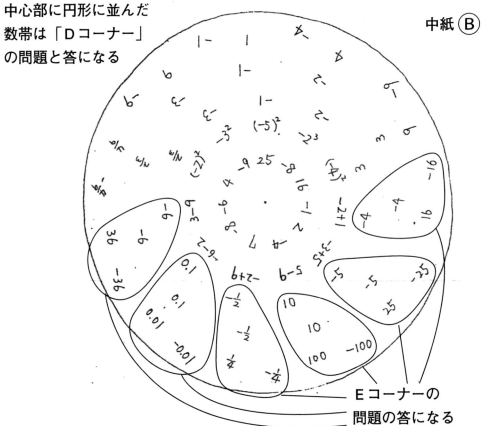

中紙 Ⓑ

中心部に円形に並んだ数帯は「Dコーナー」の問題と答になる

Eコーナーの問題の答になる

四角を切り抜き、Fコーナーとして答を自分で記入
問題も自分で考え、台紙Cの余白に記入
自分で考えた問題は常に見えるが、
答はマドを通してからしか見えない

表紙Ⓐと台紙Ⓒのあいだに
中紙Ⓑが入る

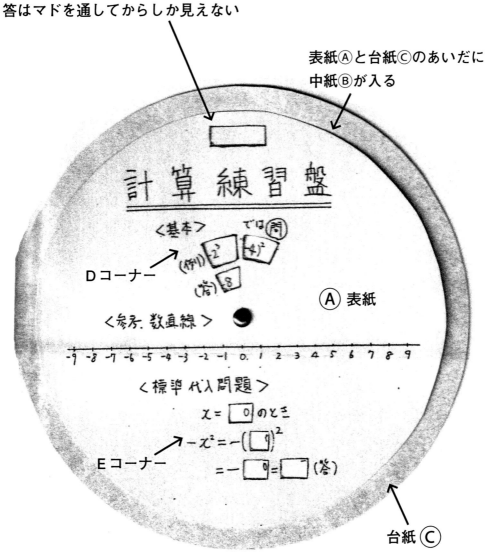

教員として10年を過ぎるころからか様子が変わってきた。
　数学の指導の他クラブ指導・校務分掌等いろいろな仕事が重なり、数学指導に時間をかける余裕がなくなり、苦労したものである。
　教科の指導に専念できるであろう「塾教師」への転身をけっこう真剣に考えたのもこの時期であった。
　このときは転勤することにより、新たな環境で新しい子どもたちに接する機会に恵まれ、危機を脱出することができたのであるが、そんな時期に年間を通して一度やってみようと思っていたことがあった。それが以降に紹介する「数楽通信」の発行である。

　あえて「数学通信」とせず「数楽通信」という名前で具体的には、91年度に城田中学校で2年生を担当した際に発行した。
　数学を少しでも「数楽」に近づけられれば、と思って月に1〜2回作成したが、生徒には配布するだけで、授業でも特にこの通信について触れずに、ただひたすら、その時期に感じた内容をしたためた。

　とくに「通信2」ではいつも悪者になる「宿題」について私なりに子どもたちにぜひ伝えたかったことを並べた中味である。
　とりあえず読んでもらって、興味がある生徒たちとのコミュニケーションが取れれば…と思ったものであるが…
　クイズについては多少の反応はあったものの、内容についての反応は一切なく、ただ配布するだけに終わってしまった。
　難しく感じたら飛ばして読んでもいい、興味が持てる部分だけでも読んでもらえたら、そして何らかの素直な感想が聞ければ、と思ったが、そう簡単にはいかなかったようである。

数楽通信1	1991年4月1日　No.1
	発行者　数学担当　稲葉隆生

３７．４歳の数学教師です！！

はじめまして！！　これから１年間みなさんの数学を担当していく稲葉隆生と申します。今年城田中学校に転任してまいりましたが、教師生活○年目、さて年齢は？　と申しますとこれが何と「見かけの年齢」37.4歳！！

城田中の生徒諸君にとって私は実際よりも多少（いや、はるかに）「おじん」なのです。

	2A	2B	2C	計	
20歳～24歳	0人	1人	0人	1人 × 22歳 = 22
25 〃 ～29 〃	0人	0人	0人	0人 × 27 = 0
30 〃 ～34 〃	0人	2人	3人	5人 × 32 = 160
35 〃 ～39 〃	24人	21人	18人	63人 × 37 = 2331
40 〃 ～44 〃	3人	2人	4人	9人 × 42 = 378
45 〃 ～49 〃	1人	0人	2人	3人 × 47 = 141
	28人	26人	27人	81人	3032

3032 ÷ 81 = 37.432…

どういうことか説明してみましょう。

次の表は、各クラスにて私の年齢を外見だけで予想させた結果です。たとえば、30歳～34歳の中に入っていると思う人が３クラス合わせて５人いた、というわけです。

各段階（階級）の中間の値（階級値）をとりそれにそれぞれの人数をかけて合計すると、みんなが予想してくれた先生の年齢の総合計が出るので、それを総人数で割れば、37.432…歳と出てくるのです。

年齢にこだわるわけではありませんが、みなさんが生まれたころ大学生だった私は、その頃からよくサラリーマンにまちがわれたものです。45歳～49歳のところでしっかり手をあげてくれたＴ君Ｍ君Ｈ君、君たちとの年齢の開きが毎年大きくなってくるのが少し淋しい感じがしますが、これから１年間よろしくお願いしたいと思います。

《クイズコーナー》

(1)ができたら数学的センスあり

(2)はあまり深く考えないでヒントにしたがって声に出して読んでみよう。

(1)三重県下の中学校の先生100人がトーナメント方式でテニスの試合をしました。その結果、なんとＫ中学校のＩ先生に優勝が決定しましたが、はたしてこの大会では総計何試合おこなわれたと考えられるでしょうか。

(2)生徒の家から10mはなれたところにある家はだれの家？

〈ヒント〉単位をcmにかえてみよう。

数楽通信2　1991年4月30日　No.2
発行者　数学担当　稲葉隆生

宿題！！　何のため…！？

新学期がはじまって1ヶ月、授業中は多少元気がないけれど授業態度はよくがんばっている人も多いようです。ただ宿題忘れだけは多いなあ！
せっかく家でやる勉強のためにと思って指示した内容なのに、それを自分の勉強に生かさない手はありません。
ここで、私の今までやってきた勉強法を紹介したいと思います。

1. 食事前、TV（番組）の前…
　夕食前のちょっとした時間、好きなTV番組の始まる前、30分ほど集中する。終わったら楽しみが。前方にニンジンをぶら下げられた馬のごとく…

2. 授業時間割順…
　その日に授業のあった科目の内容を、時間割通りに、1科目10分程度でもいいから思い出してみる。先生の話した冗談等も含めて…

3. 宿題の利用…
　宿題をすることによって忘れかけていた授業内容を思い出し、再確認して自分のものにしていく。

4. 勉強内容を記録（時間数）…
　せっかくだから、勉強した時間内容等を記録して「これだけやった」と自己満足。顔見れば「勉強しなさい」と口うるさい親に勉強した証拠としてつきつける。

決して楽しいものではない勉強。どうせやるなら無駄なく要領よく宿題なども大いに利用してすすめたいものです。
ただ宿題を忘れたときに、正直に先生に申し出るのは大切なことですね。それも堂々と言うんじゃなく、「悪かったなあ失敗したなあ」という気持ちで…
これが次へのステップにつながるのです。
たまには体調が悪くてできなかったり他の宿題と重なることもあるでしょう。要は宿題も自分の勉強にうまく利用することです。

《クイズコーナー》

次の文字の部分に0〜9の数字を当てはめて下さい。ただし同じ字のところへは同じ数字が入ります。1つだけ使わない数字があります。

前回の答　（全組合せ書いたK君ごくろーさん）
(1)　100人の中から1人優勝者を決めるには99人が脱落しなくてはならない。1試合につき1人が脱落するから、100-1=99（試合）
(2)　10m =1000cm　センセーンチ！！

| 数楽通信3 |

1991年5月13日　No.3
発行者　数学担当　稲葉隆生

超特級合格者ただいま3名！！
——級（急）上昇ゲームより——

式の計算の学習をひととおり終えた現在、2年生の各クラスでは現在10級から1級まで難易度順に並べられた問題片を各自で取り組み合格、進級していく級(急)上昇ゲームが行われております。12日現在1級に合格し、さらに用意された特級、超特級まで合格した人が学年全体で3名…よくがんばりました。

	2A	2B	2C	計
3級合格者	20人	17人	13人	50人
2級　〃	17人	10人	7人	34人
1級　〃	10人	5人	0人	15人
特級　〃	5人	3人	0人	8人
超特級〃	2人	1人	0人	3人
在籍	28人	28人	28人	84人

上位合格者数は次の通りですが、C組は授業時数の関係で思うように時間がとれなくて、まだ1級合格者は出ていません。しかし現在7人の人が1級に挑戦中ですのでNo.1をめざしてがんばってほしいものです。

しかし、思うように進めなくて悩んでいるみなさん、けっしてスピードだけが問題なのではありません。これを通して自分がどの段階まで「式の計算」を理解できたか、その目安にもなるものです。もちろんはやいにこしたことはありませんが、もし遅くなっても、そこまでは確実に理解することができた、とそれでいいのです。

今まで習ったことを使って確実に計算をしなさい。そうすればきっと合格できるハズです。休み時間や掃除の時間（？）、放課後などもがんばり、朝早くからもすすんで解答を見せに来ていたF君、N君、Y君、T君…（他にもたくさんいました）、キミたちのその意欲こそいちばん尊いものだと思うのです。

近いうち全シート（各級ごとにクラス提出順上位ベスト10のナンバー入りで）を返却しますので、自分の復習に利用して中間テストに向けてさらにがんばってください。

《クイズコーナー》

今回のクイズ最初の正解者には「ごほうび」があります。わかった人は先生まで。——でもキミたちにわかるかな？

◎次の計算をせよ。そして出た答を順に横に並べると何が出てくるか答えよ。

1. $-3^2+(-5)^2-(-3)^2$
2. $48\div 8\times 2-2^3+(-2)^4\div 8$
3. $2-(-3)+50\div(2\times 5)-2^4$
4. $(-32)^2\times(-17)^3\times 0\times(-2)^3$

〈前回の答〉

```
  は ん じ ゃ ら        9 2 8 3 6
+ か ん じ ゃ ら     +  1 2 8 3 6
―――――――――        ―――――――――
  か れ た ら ん       1 0 5 6 7 2
```

数楽通信4

1991年5月23日 No.4
発行者 数学担当 稲葉隆生

授業の終わりにひと騒ぎ！！
――等式変形リレーゲームより――

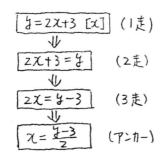

数学の計算問題の中には1つのパターンさえ覚えたら、あとは数字や文字が入れかわるだけというものが多々あります。次のような等式変形もそのひとつ。まず、その変形パターンを覚えるため、みんなで行うリレーゲームを考えました。みんなが一番好きな科目は、体を動かすことのできる体育であるというアンケートをもとに、陸上競技のリレーに数学をからませたオリジナルイナバ方式です。

変形のコツがわかってしまえば何でもないことですが、各走者が自分の分担をしっかり書いて次の人にリレーしなければいけません。グループの中でわからない人がいたら、みんなで教え合ってください。ゲームをとおして数学の内容の理解がさらに深まれば…と思います。

毎日出そう！宿題プリント

中間テストの日程が発表されました。さあ勉強しなさいと言われても何から手をつけていいのかわからないというような人のために、毎日の宿題プリントを用意しました。
・毎日時間を決めてやる。
・前回の答を参考にしながら自分でやる。
・毎日必ず提出する。
　以上に気をつけてがんばってください。

◎テスト前につき「クイズ」は休ませていただきます。あしからず…

2日目にして判明！！
―先生の車ナンバー76－60―

前回の通信にのせたクイズの答、わかりましたか。まずはていねいに計算をした結果、答を並べると、76－60となって先生の愛車のナンバーになるのです。

ゴロ合せでいろいろ考えていた人もいましたが、先生の考えた問題ですよ！
　そんな単純なものじゃありません。それでもいちばん先に正解したB組のK君、T君、M君、よくわかりましたね。ひと足遅れてC組のS君たちもわかったようですが、「ごほうび」がきいたのか今回はみんなよく考えていたようです。

これからはそう何度も「ごほうび」は出ませんが、また挑戦してきて下さい。

数楽通信 5

1991年6月7日 No.5
発行者 数学担当 稲葉隆生

平均点67.3点！ 中間テスト終わる

中間テストどうでしたか？ 本年最初の定期考査、得点分布は以下の通りです。計算問題が中心であったせいか、点数もわりあいよくて、惜しいところで100点をのがした人もかなりいるようです。

	2A	2B	2C	計
100点	1人	1人	2人	4人
90～99	3人	6人	7人	16人
80～89	5人	4人	5人	14人
70～79	8人	7人	3人	18人
60～69	5人	2人	2人	9人
50～59	1人	1人	3人	5人
40～49	0人	2人	2人	4人
0～39	5人	5人	4人	14人
計	28人	28人	28人	84人

逆に点数のよくなかった人の中には「オレはどうせバカだから…」とはじめからあきらめている人がいるかもしれません。

しかしよく考えてみてください。たしかにテストの結果は出ましたが、それはあくまでキミの勉強の成果を表したものです。けっしてその人の能力まで表したものではありません！！ くやしかったらこの次少しでもがんばってください。たとえ今回20点であったとしても、次回もし40点とれば20点のプラスです。今回80点の人が次回85点とるよりも15点もがんばったことになるのですよ！！ そう考えると今回点数のあまりよくなかった人の方がチャンスです。次回の期末テストは連立方程式の応用が入ってくるのでやっかいですが、また毎日の宿題プリントも配布する予定ですので各自それぞれ自分に合った目標をもってがんばってください。

《クイズコーナー》

ここに同じ形をした見分けのつかない箱が35個あります。そのうち1個は2kg、あとの35個は1kgだそうですが、それを見分けるのにてんびんが1回しか使えません。さてどうすればいいでしょうか。

ウソみたいなホントの話！
（テスト10点UPコーナー）

(1) $10x^2 - x^2$

(2) $(-8a + 4ab) \div 4ab$

(3) $\dfrac{x+2y}{3} - \dfrac{3x-y}{2}$

左の問題は実際にテストに出したものですが、(1)で $10x^2 - x^2 = 10$ とした人が3クラス合計で14人、(2)では $4ab$ を $4ab$ で割って $+1$ を抜かした人が14人、(3)にいたっては毎時間最初にやる計算ドリルで行い、テストに必ず出すと予告したにもかかわらず24人が×印という現状です。先生がしつこく言うことをしっかりきいていれば、これだけで10点はプラスになりますヨ！

数楽通信6

1991年6月27日　No.6
発行者　数学担当　稲葉隆生

出た！！　計算の珍プレー！？
——「まちがい探し」クイズより——

いよいよ期末テストですね。勉強していますか？　今度のテスト範囲は連立方程式の応用が中心です。中間テストの反省からこの期末テストに燃えているキミたちは既にもう習った文章題の式ならたてられるぞ〜という人も多いかもしれません。しかしその後の計算にミスが多いものなのです。左の例は実際にキミたちの仲間が「思わずまちがえてしまった」という例です。これらを無駄にしないため授業では逆にこれを利用し、みんなで「まちがい探し」クイズをやってみました。各問についてミスした箇所をはやく見つける競争形式

例1：
$$\begin{cases} \dfrac{x}{40} + \dfrac{y}{90} = \dfrac{43}{12} & \text{―①} \\ x + y = 260 & \text{―②} \end{cases}$$

①×3600－②×40

$$90x + 40y = 12900$$
$$-)\ 40x + 40y = 11200$$
$$\overline{\ \ 50x\ \ \ \ \ \ \ \ = 1500\ }$$
$$x = 30$$

$40 \times 30 + 40y = 11400$
$40y = 11400 - 1200$
$y = 255$

$(x, y) = (30, 255)$

例2：
$$\begin{cases} x + y = 14 & \text{―①} \\ \dfrac{x}{2} + \dfrac{y}{8} = 5 & \text{―②} \end{cases}$$

①－②×4

$$x + y = 14$$
$$-)\ 2x + y = 5 \times 4$$
$$\overline{\ \ -x\ \ \ \ \ = 9\ }$$
$$x = -9$$

①へ代入
$-9 + y = 14$
$y = 23$

$(x, y) = (-9, 23)$

でそれぞれ上位10人まで表彰したわけですが…テストといえば○×と結果の点数ばかりに目がいきがちですが、まちがった原因を考えていかなくては進歩はありません。実際はこういうミスが思った以上に多いものなのです。ほんの2〜3分、テストを見直すときにはこういう点に気をつけるといいでしょう。今回登場した人たちのこのようなミスを決して無駄にしないで、これから「計算の珍プレー」に登場しなくてもいいようにみなさんしっかり頑張ってください。

《クイズコーナー》
「17個ずつのせておいて1個ずつ左右同時に取っていけばわかる」
B組のK君の名案ですが、やはりこれではてんびんを何回も使ったことになってしまうでしょう。35個のものを1回しか使えないてんびんで見分けるなんてできるわけありません。
もうわかりましたね。2kgと1kgの差くらい持ってみればすぐにわかります！！

数楽通信　号外

1991年7月12日　号外
発行者　数学担当　稲葉隆生

号外！！　クイズ特集号です！！

もうすぐ夏休み。期末テストも終わってあとは休みがくるのを待つばかり、という人も多いようですね。ところでこの数楽通信、妙にクイズの評判だけはかなりいいようですので、今回はクイズ特集号ということで発行してみました。中にひとつだけトンチで考えるふざけたものもありますが、あとは良問ばかりです。よく考えてわかった人は右の解答用紙に記入の上切り取って提出してみてください。

第1問　ここに上皿てんびんと7g、8g、15g、23gのおもりが1個ずつあります。右のようにこのてんびんがつりあうようにするためには、おもりをどのように使えばいいか、右の例以外にあと2通り書きなさい。(20点)

第2問　ある野球チームの選手が一球ボールを空振りしただけで三振してしまいました。こんなことってあるでしょうか？（20点）

第3問　下の図のように1つの円は3本の直線で最高7ヶ所の部分に分けることができます。
それでは1つの円を6本の直線で最高いくつの部分に分けることができるでしょう。(20点)

第4問　カタツムリ、イモムシ、ナメクジが100m競争しました。はたしてどれが1着でタイムはどれくらいでしょうか。（これはまじめな問題です。予想タイムも記入すること）(20点)

第5問　右の図形（五角形）の面積を鉛筆で二等分してください。
ヒント…（図は不正確ですが表示された数字どおりに考えてみること）(20点)

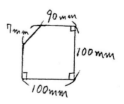

どうでしたか。答のわかった人は右の解答用紙に記入して先生まで提出してください。（わかる問のみでも結構です）。提出人数の多かったクラスについては2学期最初の授業においてゲームをさせてあげます！！

数楽通信　夏休み特集

1991年8月21日　夏休み特集
発行者　数学担当　稲葉隆生

夏休み特集「大きいことはいいことだ！！」
――広い宇宙空間へのご招待――

宮川の花火大会は順延になってしまいましたが、夏の夜空に輝く星をゆっくり鑑賞するのもいいものです。ところでこれらの星はどれくらい遠くにあるのかみなさん知っていますか？　今回はそんな話を中心に特集してみましょう。まず地球から一番近い月でさえ、約38万4000km。光でも1.3秒かかります。太陽までなら光で8分19秒、冥王星など光で5時間20分もかかります。

	赤道半径	質量	太陽からの距離
水星	0.375	0.06	5850万km
金星	0.953	0.82	10800万km
地球	1.0000	1.000	15000万km
火星	0.5312	0.11	22800万km
木星	11.1562	317.9	78000万km
土星	9.375	95.17	143100万km
天王星	3.969	14.56	287850万km
海王星	3.922	17.24	450900万km
冥王星	0.3125	0.002?	592800万km

かりに太陽をテニスボールくらいの大きさであるとして城田中の職員室の先生の机上におくとしますと、地球は生徒昇降口にある小さな砂粒ということになり、そのすぐそば1cmの距離にある極小砂粒が月ということになります。このとき冥王星はなんと平沢病院の受付にある植木内の極小砂粒くらいです。

また、かりにこの太陽系を教室内に収めようとすると、太陽は直径約1mmの砂粒となって教室の中央に位置します。それではこのとき次に近い恒星であるケンタウルス座アルファ星はどのあたりにあるでしょうか。（太陽系を2A教室に収めたとします）

　　(1)音楽室のピアノの上
　　(2)城田スーパーのレジの上
　　(3)津のジャスコ駐車場あたり

意味わかりますか。太陽を中心に、水星や金星から海王星冥王星までである太陽系を、2Aの教室内にスッポリ入るくらいにちぢめたとすると、その次に近いところにある恒星はどの辺にあるだろうか、ということです。答はおどろくなかれ(3)の津ジャスコあたりになるのです。城田中からこんなに離れたところにあるケンタウルス座のアルファ星がそれでも太陽にいちばん近い恒星で、当然城田中から津までの間に恒星はひとつもないというわけです。

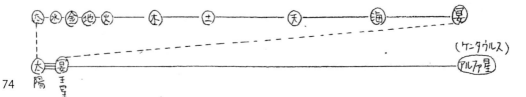

このときちなみにシリウスは四日市あたり、こと座のベガは静岡あたりに輝いており、北極星はというと何とアラスカのアンカレジのあたりにあることになります。

ひとつ確認しておきますが、この話は当然、太陽系が城田中２Ａ教室内に収まっていると考えたときのことです。このときの太陽が直径１mmの砂粒ですから、地球の大きさなんて見えるわけないし、我々人間の大きさなんて…その我々が見上げている北極星がアラスカのアンカレジにあるというわけです。

しかし我々の住んでいる太陽系のある銀河系宇宙の中にはもっともっと遠い星（地球からの距離が北極星までの100倍以上）もたくさんあって銀河系全体ではなんと数千億個以上の恒星がこのように離れて輝いているというのです。

しかもこのような銀河が宇宙全体の中には約1000億個あるといわれ、そのひとつひとつが私たちの住んでいる銀河系のように数千億個の恒星によって構成されており、互いに離れて光っているというわけです。

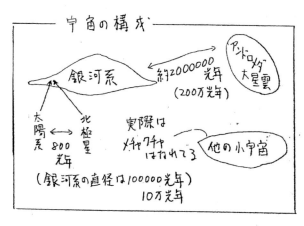

宇宙の中にはこんなにたくさんの星があるのだから、星と星がぶつかることも…と心配するかもしれませんが、星と星との平均距離は「ヨーロッパ大陸にハチが３匹とんでいる」と言われるほどの混み具合であるそうです。これではぶつかるわけがありませんね。

銀河系の外へ目を向けてみますと、比較的近いところにかの有名なアンドロメダ大星雲がありますが、これは肉眼で見える最も遠い天体だそうです。他にもこのような小宇宙が上でも述べたように何と千億以上もあって、それぞれがお互いメチャクチャ離れていて、その１つひとつの小宇宙の中には私たちの銀河系と同じように膨大な数の恒星があるというわけです。

ここでひとつ問題です。太陽といちばん近いケンタウルス座アルファ星との距離を教室内に入るくらいに縮めたとすると、シリウスはとなりの教室くらいになり、北極星は城田農協をこえて湯田野のバス停あたりにあることになります。それではアンドロメダ大星雲はどのあたりになるのでしょうか。（ちなみにこの場合太陽系の大きさはなんと直径１mm以下になってしまいます。もちろん地球の大きさなんてミクロの世界…）

数楽通信7

1991年10月17日 No.7
発行者 数学担当 稲葉隆生

復活級上昇！！ 特級合格者出現！！
——大相撲版「グラフ場所」も新登場——

一学期に好評だった級（急）上昇ゲームが一次関数で復活しました。
今回は
1．基本コース（基礎を固めたい人のために）
2．応用コース（力をさらに伸ばしたい人のために）
と分かれて準備されていて、それぞれ自分で自由にコースを選択できるようになっているのが特徴です。確実に基礎力をつけようという人は基本コースで学習し、すでに1級を合格した人も何人か出ましたが、応用コースは上級になるとさすがに難しいようで17日現在超特級合格者がやっと1名といったところです。今回はさらにスーパー超特級まで用意されているので、われこそは、と思う人はがんばってほしいものです。

それから今回、級上昇は各シート返却していますが、今後の学習のためにも必ず保管しておくべきです。わからなくなったら1つ前に戻って確認してみること。

また14日には級（急）上昇の大相撲版が新しくスタートしました。これはグラフの描き方を完全に習得することを目的としたもので、入門から横綱まで5段階の大相撲版"グラフ場所"です。さあ初代の横綱はだれに…

《クイズの解答》

①てんびんがつり合うためには、別に何ものせなくてもいいわけ…デス
  ⑧ ⑮   ㉓   or

②一球空振りで三振!?
  実はこの人は女の人だったのでこのときすでに妊娠（二振）していたから…というわけです。

③ 22ヶ所に分けられる…
  ——参考——
  1本 2本 3本 4本 5本 6本
  ： ： ： ： ： ：
  2ヶ所 4ヶ所 7ヶ所 11ヶ所 16ヶ所 22ヶ所
      2   3   4   5   6

④これもホントの話だそうです
  100m競争
  第1位 イモムシ 約3～5時間
  2位 カタツムリ 約16時間
  3位 ナメクジ

⑤これは実は図の数値がまちがってました。
  95mm おわびして次のように訂正します。
  95mm 100mm
  100mm 鉛筆
  正解はこのとおりこれでちょうど半分になるハズです!!

数楽通信8	1991年11月7日　No.8 発行者　数学担当　稲葉隆生

あの"立食そば"は本当にうまかった！！
――先生の学生時代の話から――

秋も深まり今年もまた11月15日が迫ってきました。何をかくそう先生の誕生日であります。この日はわざわざ授業を休みにしてまで祝ってくれる（？）学校も市内にありますが、この年になるとあまりうれしいものではありません。そんな先生の学生時代の話を今回は特集してみましょう。

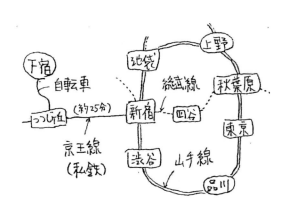

東京の山手線に秋葉原という駅がありますが、そこはあらゆる電化製品がめちゃくちゃ安いことで有名です。もう14～5年も前のことになるけど、当時下宿して東京の大学（東大？）に通っていた先生はときどき授業をサボって秋葉原にフラフラ遊びに行くのが好きでした。京王線で新宿まで出て国鉄（今のJR）にのりかえて総武線で秋葉原まで、下宿からだと約1時間かかりますが、多少オーディオに興味のあった先生は、何か掘り出し物がないかとよく行ったものです。

家庭教師のアルバイトでためた30万円で当時としてはまだめずらしかったホームビデオを数万円引で購入し、はじまったばかりの「ザ・ベストテン」等をよく録画したり…またその時、当時一本4800円もしたビデオカセット（生テープ）を以後ずっと一本4000円で購入できるカードも特典としてもらったので、カセットテープが欲しくなるとわざわざ秋葉原まで出かけました。一本買うごとに800円とくするわけです。

しかし交通費が当時京王線160円、国鉄150円（片道）で、往復するとバカになりません。せっかく800円得したのに差引すると800 −(160 + 150)×2で180円です。さらに悪いことに、駅の近くに「立食そば」があるので駅の改札口を通り抜けようとするとき、立食の好きな先生は自然に足がその店に向いてってしまうのです。一杯140円のかけそばが行きも帰りも…

ある日なんでも定価から3割引いてくれる秋葉原の店に行こうとした先生は、おなかすいたので帰りの立食でいつものかけそばではなくて180円の玉子そばをつい注文してしまいました。さてこの日先生はいくら以上の品物を買えばもとをとれるでしょうか。

数楽通信9

1991年12月12日 No.9
発行者 数学担当 稲葉隆生

期末テストの成果は如何に…
——テスト分析結果より——

期末テストはどうでしたか？ 自然教室から帰って4日後という強行日程でしたが、当初からわかっていたことです。きちっと計画的に勉強して成功した人もいたことでしょう。

ところで、今回のテストの中で諸君がいちばんよくできた問題はどれだったと思いますか？ いくつか挙げてみましょう。

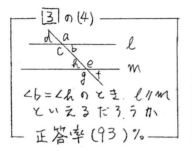
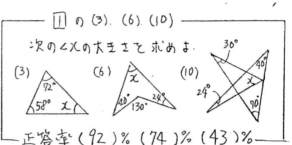

このように3の(4)の答「平行であるといえる」が今回のテストの中でいちばんやさしかった問題のようです。三角形の内角和180度から角を求める1の(3)などの方が簡単じゃないかとも思いますが…

角を求める問題でいちばん難しかったのが1の(10) 43%。配点が同じ2点でも、これができている人は価値ある2点というわけです。

では、比較的難しかった関数の範囲の正答率は…

```
――― 6 の(1),(2),(3) ――― 7 ―――
6 次の一次関数の式を求めよ.                    正答率
  (1) グラフの傾きが3で点(-2,4)を通る場合      ( 56 )%
  (2) 2点(-3,4),(2,-6)をとおる.                ( 52 )%
  (3) グラフがy=-2x+3に平行で点(-2,4)を通る    ( 43 )%
7 一次関数 y=-2/3 x+4 について, xの増加量が
  6であるときyの増加量はいくつか.              ( 34 )%
```

とくに7では傾き$-\dfrac{2}{3}\times 6 = -4$で答は-4となるのですが、

この問が今回のテスト全体でいちばん難しかったようです。
中間テストで同じように「一次関数を求める」問題を出しましたが、そのときは6の(1)型…64% (2)型…55% (3)型…54%！！
誰ですか、進歩しないで退歩してるのは…（そんな人は"逮捕"しますヨ!! ナンチャッテ）

数楽通信 10

1991年12月19日　No.10
発行者　数学担当　稲葉隆生

答が3通り！？　いったいどれが本当？
——広がる不思議な無限の世界——

もうすぐ冬休み。年末年始はコタツに入ってみかんでも食べながらのんびりTVを見ようという人も多いことでしょう。
そんなみなさんに今回は奇問・難問をひとつ、ふたつ…
まず、次の計算の答はいくつになるのか考えてみてください。

問　$1-1+1-1+1-1+1-1+1-1+\cdots$（ずっと同じことがくりかえされる）

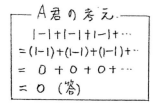 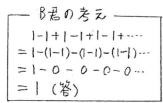 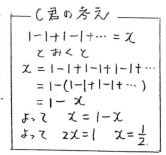

どれが正しいのか、考えれば考えるほどわからなくなるかもしれません。
先生の予想では、生徒の皆さんはこれを考えても永久に正解にたどりつくことはできないでしょう。次の図を見てください。

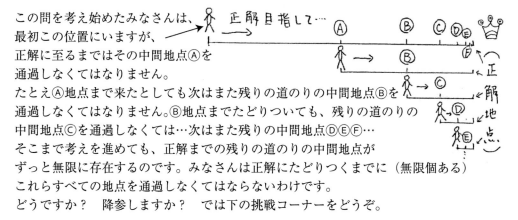

この問を考え始めたみなさんは、最初この位置にいますが、
正解に至るまではその中間地点Ⓐを通過しなくてはなりません。
たとえⒶ地点まで来たとしても次はまた残りの道のりの中間地点Ⓑを通過しなくてはなりません。Ⓑ地点までたどりついても、残りの道のりの中間地点Ⓒを通過しなくては…次はまた残りの中間地点ⒹⒺⒻ…
そこまで考えを進めても、正解までの残りの道のりの中間地点がずっと無限に存在するのです。みなさんは正解にたどりつくまでに（無限個ある）これらすべての地点を通過しなくてはならないわけです。
どうですか？　降参しますか？　では下の挑戦コーナーをどうぞ。

《できますか？　挑戦コーナー》
厚さ0.1mmの新聞紙を半分に折って、そのまた半分に折って次々と小さくしていき、20回ほど折りたたんでみてください。（できるかな？）
ところで、その折りたたんだ新聞の厚さはどれくらいになるでしょう？　（答は裏に）

数楽通信 11

1992年2月18日　No.11
発行者　数学担当　稲葉隆生

あの新聞紙の厚さがなんと 100m！
——20回かさね折に挑戦——

前回の通信での"挑戦"やってみましたか？　厚さわずか0.1mmの新聞紙をただ20回折り重ねるだけのことですが、結論からいうと20回折り重ねることは絶対に不可能なことなのです。

ウソみたいかもしれませんが、何とあの厚さわずか0.1mmの新聞紙が計算上では左の表のように厚さ100mを超してしまうというのです！！

5回折りではせいぜい3.2mmだったのが8回目には5cmになり（このあたりが限界！？）10回目で20cm、14回目で1mを超え、最終的に20回目では何と100mを超してしまうことになるのです。考えてみると恐ろしいくらいの増え方ですね。

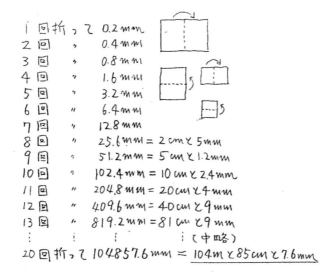

「数が苦」病　特別無料診察のお知らせ…

診察日時　1992年2月21日（金）放課後
場　　所　城田中学校2年　組教室
対象患者　希望者（重症患者優先）20人程度まで
担当教師　数学担当　稲葉隆生
診察内容　わからない問題を各自持参のうえ集合のこと。重症の者には希望により薬（宿題）も用意されています。ただし入院施設は諸般の事情からありませんのであしからず…

※薬（宿題）は決められた量を決められた日時にやること。
この薬は飲み過ぎに害はないけれど効能はうすくなります。とにかく自分自身が医師の言うことをよく守って治療に専念し、根気強く通院（？）してがんばってください。

| **数楽通信 12** | 1992年3月10日　No.12
発行者　数学担当　稲葉隆生 |

これが「超特級」の問題！！
——級（急）上昇　相似版より——

　3学期は学年末テストの期間をはさんだこの時期、恒例の級上昇ゲームが相似比の利用のところで行われました。すでに多数の人が1級合格または挑戦といったところまで進んでいるようですが、できた人にはさらに難しい特級・超特級の問題も用意されています。
そこまで学習しないと得られないこの「超特級」の問題を特別にここで紹介してみましょう。

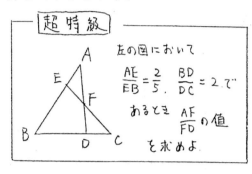

〈正解へのヒント〉
DからCEに平行な線をひきABとの交点をQとする。
BD：DC＝2：1、AE：EB＝5：2
両方を使ってAE：EQの値を出せば答が求められる。
どうですか。さすがに難しいでしょう。上のような補助線をひくことを考えないと、そうかんたんに解ける問題ではありません。しかしこれは本当に特別な難問で、すべてできてしまった人用の問題です。もしできなくても何も気にしなくてよろしい。それよりもきちんと学習したことを利用してできる10～1級の問題を確実なものにするべきです。先に進むことばかり考えて答だけを教えてもらったり、ヤマカンで偶然合格したりして進んできてもその次の級で苦労することになり決しておもしろくありません。たとえ何級であっても努力して考えに考えた末合格できた級こそ価値のあるものだと思います。

《クイズコーナー》
(久しぶり難問・奇問・珍問の登場デス　正解は次号で…)
(1)まず漢字のダジャレクイズです。家の中で恐ろしいところといえば階段（＝怪談）。それでは家の中で大変寒いところといえば…
(2)問題をよく読んで考えてください。

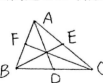

次の図で点D,E,Fはそれぞれ辺BC,CA,ABの中点であるとします。それでは右の図で三角形はいくつあるでしょうか？

(3)次の数に続く数は何でしょう。　1, 5, 10, 50, 100, □

| 数楽通信 13 |　　1992年3月17日　No.13
　　　　　　　　　　発行者　数学担当　稲葉隆生

なぜ数学を勉強するの？
――「数が苦」な人の悩みに答えて…――

　学年末テストも終わり2年生も残りあとわずかになりました。4月からはいよいよ3年生。勉強に部活に忙しくなってきます。ところで、みなさんは自分がなぜ数学を勉強しないといけないのか考えたことはありませんか？「別に数学の先生になるわけでもないんだから数学なんて…」と思う人がいるかもしれませんね。
　ではもしみんなが「数字のたくさん出てくる数学なんてイヤ」などと言って勉強しなくなってきたらどうなるのでしょうか。数字が使われなくなってしまいますね。
　「使わないものは退化していく」という進化論がありましたが、
西暦2×××年、もしも数字がこの世からすべてなくなってしまったらどうなるのか…想像してみました。

「もしも数字がなかったら」

　朝起きて時計を見る　文字盤がないので時刻がわからない
　量が数えられないので適当にご飯を食べて学校へ行く
　クツはサイズがわからないのでワラジで行く
　授業は時間がわからないので先生の気が変わるまで受ける
　みんな教科書の何ページを開けばいいのかわからない
　おなかがすいたら昼食になる
　忘れものをしたので家に電話しようと思ったら、数字のダイヤルのかわりに、すべての当用漢字が並んだ特大の電話機しかなかった
　昼休みにトランプをしたかったが、カードには数字がない
　本日臨時の集会があり、数学の先生がみんな退職した
　暗くなってきそうなのであわてて家へ帰る
　バス通学の人は時刻表がないので、バス停でバスが来るまでじっと待つ
　買い物に行ってもおつりが計算できず、店の人にだまされて帰る
　そろそろ誕生日だと思ってカレンダーを見ても日付がない
　暗くなったらメチャクチャ飯を食って風呂に入って、次の朝起きるまで寝てる

　どうですか。数字が使われなくなって退化していくとこのような生活になる…困ったものですね。だから数学の勉強はみんなにとって大変大切なことなのだというわけなのです。3年生になり各科目に受験勉強も大変ですが、人類から数字を絶やすことのないよう数学の勉強もしっかりがんばってください。

| 数楽通信 14 | 1992年3月25日　No.14 |

発行者　数学担当　稲葉隆生

たまにはこんなテストも…
――統計資料の整理から――

突然ですが2年生の各クラスでは「アラビア語」の単語テストが行われました。アラビア語の日本語訳を二者択一する選択問題50問です。右か左か当然カンの問題になってしまいますが、みんな一生けん命考えて解答した結果、次のようになりました。

	2A	2B	2C	計	
35点～33点	1人	2人	1人	4人×34点 = 136点
32点～30点	6人	4人	5人	15人×31 = 455
29点～27点	7人	7人	5人	19人×28 = 532
26点～24点	9人	11人	8人	28人×25 = 700
23点～21点	1人	2人	6人	9人×22 = 198
20点～18点	2人	0人	2人	4人×19 = 76
	26人	26人	27人	79人　　　2097点

2097点 ÷ 79人 = 26.54…（平均26.5点）
3クラス計

全50問中40問以上正解した者には賞品を、と考えていたのですが、全クラスとおして最高点は35点でした。賞品ゲットの基準を38点に下げても遠く及ばなかったようですね。

実は、50問の〇×テストで40問正解することはほとんど不可能なことなのです。いままで通算500人以上の生徒たちが挑戦してきましたが、最高は8年ほど前、39点がひとり…それに続くのが5年前に出た36点（1人）で、35点になると毎年1～2人は出てくるといったところなのです。

テストだから得点は高いに越したことはありませんが、もちろん何点でも気にすることはありません。自分の"カン"はどれくらいなのか、この結果を度数分布表に表して、さらに平均点まで求めてみました。

50問の〇×テストですから、すべてカンで答えた場合、平均は25点になるのが普通ですね。ところがふしぎなことに、毎年必ず全クラスが平均で25点を突破しているのです。今年度も、30点以上が何人もいるのに20点以下は立った2人…

最後に、このテストで40問以上正解する確率を計算する式を紹介してみましょう。ヒマな人はやってみてください。

$$\left(\frac{1}{2}\right)^{50} \times \left(1 + 50 + \frac{50 \times 49}{2} + \frac{50 \times 49 \times 48}{3 \times 2} + \frac{50 \times 49 \times 48 \times 47}{4 \times 3 \times 2} + \cdots + \frac{50 \times 49 \times \cdots \times 42 \times 41}{10 \times 9 \times \cdots \times 3 \times 2}\right)$$

《クイズコーナー》（前回の答です）
(1) 家の中で一番寒いところ…玄関（厳寒）
(2) 右の図で…とありましたが答はゼロ！！
　　（右に図などありません）アシカラズ…
(3) 1, 5, 10, 50, 100, 500 …日本の硬貨

　　　　　1年間ご愛読ありがとうございました。

おわりに

当時こういった取組みを進める教師が少なかったこともあり、
各地で発表の機会を得て披露させていただいた。以下にその全容を記す。

昭和６０年　　市教研　にて「不等式ドライブ授業」　発表
昭和６１年　　東海数学研究会　公開授業　「座標ゲーム」
昭和６２年　　県教研　にて「不等式ドライブ授業」　発表
昭和６３年　　私の教育記録コンクール　「稲葉シリーズ」佳作に入選

平成元年度　　県教研　作図・故郷さがし　研究発表　東員町にて
平成２年度　　志摩支部教研　に招かれ　　研究発表
　　　　　　　三数研　鳥羽大会　「稲葉シリーズ」発表
　　　　　　　東海数研　で発表　「稲葉シリーズ」　名古屋市立中にて
平成３年度　　県教研　於菰野町　「稲葉シリーズ」発表
　　　　　　　津　総合教育センターにて　「稲葉シリーズ」発表
平成４年度　　数教協　全国研究　函館大会　教具展出品参加
　　　　　　　数教協　全国研究　函館大会　分科会研究発表
　　　　　　　数教協　全国研究　函館大会　手作り教室出品参加
　　　　　　　志摩支部教研`に招かれ　「稲葉シリーズ」発表
平成５年度　　県教研　於久居市　「オリジナル数楽通信」発表
　　　　　　　数教協　岐阜大会　教具展に出品
　　　　　　　日数教　滋賀大会　「オリジナル数楽通信」発表

平成６年度　　数教協　長野大会　教具展出品参加
　　　　　　　日数教　三重大会　「私の実施した定期テスト」発表

【追稿】

　退職後の現在、家で教えたり、塾などで子どもたちと接しているうちに、以前工夫していた中身「稲葉シリーズ」が再燃。さらに面白い教え方等が増えてきた。スペースが少々余ってしまったため、今回そんな中身についてもいくつか述べてみたいと思う。

1　自然数ってどんな数！？
　整数であることはわかっていても、たとえば0は入るのか……
　ズバリ「自然数とは、幼い子どものいう数」
　ひとちゅ、ふたちゅ、みつちゅ……　つまり1，2，3　…
　子どもはお菓子がないとき「ゼロ」とは言わず「ナイナイ」……
　つまり、ゼロは自然数には含まれない。
　小数や分数、ましては負の数なども、もちろん含まれないのである。

2　素数って何だっけ？　小さい方から5つ言える？
　素数には　1は含まれない。　2，3，5，7，11……
　これらの覚え方にもいろいろあるかもしれないが、
　「兄さん！　GO！　セブンイレブン」　そのまま当てはまる

3　カッコのある計算　イナバ式カッコ符号テクニック
　正負の数の計算で、次のような問題が出た場合には、
　こんなテクニックですっきりさせよう。
　負の数にまで広げた数の加減計算に利用してはどうか。

　　　　㋐．カッコは取ってしまおう
　　　　㋑．符号が2つ重なったら＋を1つ消そう
　　　　㋒．－－は＋（先の－が縦に移動）

```
   -3+(-5)            (-3)-(+5)           (-3)-(-5)
 = -3 + -5   ㋐     = -3 - +5   ㋐       = -3 - -5   ㋐
 = -3 - 5    ㋑     = -3 - 5    ㋑       = -3 + 5    ㋒
 = -8                = -8                 = 2
```

　　　　　名付けて「イナバ式カッコ符号テクニック」

4　数直線厚紙定規

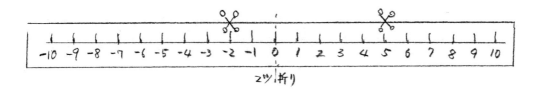

図のような細長い厚紙をはり合わせ　長めのしっかりした数直線を準備
その上に洗たくバサミ等をはさんで移動させる
たとえば　－2＋7など　－2の上の洗たくバサミを7だけ右へ移動させ
　　　　　5の上にもってくる
たす場合はその数だけ右へ　ひく場合は左へ移動させればよい
洗たくバサミ2つでかんたんに説明でき　持ち運びにも便利

5　優しいメッセージカード！？

ある生徒に個別に教えていたとき、右のようなメッセージカードを見せると、よく意味がわからなかったらしく、ニッコリ笑った。
しばらくして別の生徒が近寄ってきたので、見せると大騒ぎに。

> よくがんばったから
> 先生は〇〇さんに
> －100円あげようかな！

この生徒はよくわかっていたようで「〇〇さん危ないよ！　ちゃんと勉強してネ！」と笑って去っていった。
その一部始終を見ていた最初の子は、習った内容を見返し、ふと何かを感じた様子。
そこで改めて聞いてみると、首を振って拒否し、苦笑い。
これで負の数の意味がよくわかったのではないだろうか。

6 分数型 式の計算と方程式 の差

$$(1)\ \frac{2x+5}{3} - \frac{x-3}{4}$$

$$(2)\ \frac{2x+5}{3} = \frac{x-3}{4}\ を解け$$

(1)
$$与式 = \frac{4(2x+5)-3(x-3)}{12}$$
$$= \frac{8x+20-3x+9}{12}$$
$$= \frac{5x+29}{12}$$

(2)
$$\frac{2x+5}{3} \times 12 = \frac{x-3}{4} \times 12$$
$$4(2x+5) = 3(x-3)$$
$$8x+20 = 3x-9$$
$$5x = -29 \rightarrow x = -\frac{29}{5}$$

　見た目は同じ分数でも、式の計算と方程式では、意味も違えば答えの出し方もまったく違う。しかし、初めて習う生徒たちにとっては同じようなもの。式の計算（1）を習ってから方程式（2）を学習することになるため、両辺に最小公倍数をかけて分数の形を取り払う操作を、両方習ったあとにはつい（1）の式の計算部分でやってしまうミスが多い。

　こういったミスをなくすために、私は両方の問題を並行して実行させ、間違えた際には次のような話をするのである。

　昔の生徒の中に、(1)の計算で分母を払ってしまった子がいてね……
　結局その子はこの問題だけ間違えただけであとはすべて正解。とっても悔しがってたんだよ〜
　勉強はよくできた子でね。それからその子は大きくなって先生になったって聞いたな。数学の先生だったと思うけど、今はもうやめてどこか塾の先生してるって言ってたっけな。
　でもその子のことはキミもよく知ってると思うよ。話したことも何度もあるし、その人もキミのことよく知ってるよ。

　そこまで言うと、さすがに不思議そうな表情になる生徒。今ここでこんな私のような年配者に教わってる子が、そんな、先生の昔教えた（？）生徒のことを知ってるなんて……
　そう。その昔、分母を払って失敗した生徒とは、私（稲葉隆生）自身のことなのである。先生でも昔こんな失敗を……
　こんなイメージづけができれば、ミスが減るのではないだろうか

7　小分百歩トランプ

0.1	$\frac{1}{10}$	1割	10%
0.2	$\frac{1}{5}$	2割	20%
0.25	$\frac{1}{4}$	2割5分	25%
0.3	$\frac{3}{10}$	3割	30%
0.333…	$\frac{1}{3}$	3割3分3厘	33.3%
0.4	$\frac{2}{5}$	4割	40%
0.5	$\frac{1}{2}$	5割	50%
0.6	$\frac{3}{5}$	6割	60%
0.75	$\frac{3}{4}$	7割5分	75%
0.8	$\frac{4}{5}$	8割	80%

分数は小数に直すと大小関係がわかりやすくなるが、逆に、小数で表された数量を分数で表した方が理解しやすいこともある。

$\frac{1}{5}$ や $\frac{3}{4}$ がなかなか小数に直せず

3÷4を筆算する子もいれば

$\frac{1}{2}$ が 0.2　$\frac{1}{5}$ が 0.5

になってしまう生徒も意外に多い。
けっこう難しい中身でも理解できる生徒が、このような分数小数の計算で手こずっている現状を何とかしたいと思って考えたのがこのトランプだ。
市販のトランプに貼りつける形で、次の表のようなカードを作成し、トランプゲームに興じようというわけである。
試行錯誤の結果、あつかう数字はこの表のように小数・分数・百分率・歩合とし

名前はその頭文字をとって「小分百歩トランプ」となった。
(名付け親は教え子)

むろん横並び　0.5 = $\frac{1}{2}$ = 50% = 5割が♠♥♣♦に当たるわけである。

最初のうちは「一覧表」首っ引きになるかもしれないが、ゲームを繰り返せば、たとえば

$$\frac{1}{5} = 0.2 \quad 0.25 = \frac{1}{4} \quad 0.6 = \frac{3}{5}$$

等がピンとくるようになり、問題も速くできるようになって、ひいては、数学好きな生徒が多くなる、というものではないだろうか。

8　電卓利用「誕生日当て」

文字を使うと説明しやすい数字マジックの例である。

1. 生まれた「月」を入力
2. その数を4倍する
3. 9をたす
4. 25をかける
5. 生まれた「日」をたす
6. 225をひく

電卓上にこのように入力すれば、さいごには誕生日の日付が表示されるのである。
なぜかといえば　月…x　日…y　として

$(4x + 9) \times 25 + y - 225$
$= 100x + 225 + y - 225$
$= 100x + y$

というわけで、さいごには画面上に日付のように表示されるのである。
中2の初め、式の計算において、無味乾燥なこの分野は、
いったい何の役に立つのか、と疑問に思う生徒のため、
こうした場面で「説明」に使えるんだよと話してあげればいい。

9　いい格好しよう！

$a(x-y) + b(x-y)$ を因数分解せよ
〜。〜
与式 $= aA + bA$　　←　$x - y = A$ とおきかえる
$= A(a + b)$　　　（Aの文字におきかえる
$=(x-y)(a+b)$　　ところが大事）

$aA + bA$　としてからどうすればいいかわからないという生徒が多いが
因数分解の基本は共通因数をくくり出すことである。つまり、

　　　　　　$aA + bA = A(a+b)$
　　　　　　$A(　)$　…　エーカッコ（良い格好）

友達の前で良い格好したいでしょう。
どうしていいかわからなくなったら　エーカッコしてみたら！？
　　　　　　　　　　　　　　（関西弁になってしまいました）

10　因数分解トランプ

$(x-3)^2 = x^2 + 6x + 9$
$(x+4)(x-4) = x^2 - 16$
$(x-3)(x-4) = x^2 - 7x + 12$

こういった基本の式の展開や因数分解は、慣れてくるとすぐできるようになるもので、あまり時間をかけて回答するものではないが、数学が苦手な人にとっては難しい。

そこで表のとおり、これらの2式のペアを20組ほど取り上げてカードを作成してみた。これをトランプゲームのように利用するのである。

x^2-2x+1	$(x-1)^2$	x^2-1	$(x+1)(x-1)$
a^2-4a+4	$(a-2)^2$	y^2-4	$(y+2)(y-2)$
x^2-6x+9	$(x-3)^2$	a^2-9b^2	$(a+3b)(a-3b)$
$x^2+8xy+16y^2$	$(x+4y)^2$	x^2-100	$(x+10)(x-10)$
$x^2-10x+25$	$(x-5)^2$	$4x^2-49$	$(2x-7)(2x+7)$
$x^2-12xy+36y^2$	$(x-6y)^2$	x^2-3x+2	$(x-2)(x-1)$
$x^2+8x+16$	$(x+4)^2$	x^2-4x-5	$(x-5)(x+1)$
$x^2-18x+81$	$(x-9)^2$	$x^2+7x-18$	$(x-2)(x+9)$
$9x^2-4y^2$	$(3x+2y)(3x-2y)$	x^2-x-30	$(x-6)(x+5)$
x^2-2x-8	$(x-4)(x+2)$	x^2-4x+3	$(x-3)(x-1)$

むろんババ抜きや七並べ等には利用できないが、40枚バラまいておき2～3人でできるだけ多くのペアを探させるだけでおもしろい。
慣れないうちは「一覧表」を見ながらやることになるので、大変であるが、実際させてみた2人の生徒は、いつの間にか「表」も見ないでカードを集めていた。

後の試験にも効果絶大であったようである。
何と言っても「先生、またあのゲームしよう」と数学嫌いの生徒が乗り気になってきていたのは収穫だったと思う。

11　手上げゲーム

２～３人を一緒に教えたりする時のゲームである。

〈問題例〉

1　25の平方根は　5　である
2　一次関数　ｙ＝２ｘ＋３の変化の割合は２である
3　正五角形の外角の和は540度である

「今から先生が言うことが、正しいと思ったら右手、まちがいだと思ったら左手をあげなさい」
・自信もって早く手をあげる子
・友達見てすばやく手を入れ替える子…

むろん　①は左手
②は右手
③は左手　が正解

いろいろな場面で教師が即興で作問し何度かくりかえすと結構ノッてきて大いに盛り上がったものである。

12　謎の数列穴埋めクイズ

○	○	9	○	25	○	○	○	○	○

ある意味を持って順に並ぶ10個の数字である。
９と25以外の数を当てていただきたい。でもさすがにこれだけでは難しいので場面に合わせてヒントを与える。
たとえば25の２つ右は49　右はしは100　なんなら９の左どなりは４　ここまでいえばどうだろうか。
答えは①　④　9　⑯　25　㊱　㊾　(64)　(81)　(100)
これらの数の平方根は整数で$\sqrt{\ }$の記号をかぶせれば整数になるわけである。
３年生の「平方根」を導入するにあたり「平方数」に注目させられれば
今後の学習につながるのではないかと思って取り上げた次第である。

13　分数⇄小数を言い合う競争は…？

$0.5=\frac{1}{2}$　　$\frac{1}{3}=0.333\cdots$　$0.75=\frac{3}{4}$　　$\frac{2}{5}=0.4$　…

このような分数小数の値はすぐに出てくるようにしたいもの
$\frac{1}{5}=0.5$　$0.4=\frac{1}{4}$　などとまちがう生徒も多いので

上の「手上げゲーム」で使ってみてもいいかも…

14　すぐ答え合わせができる特製プリント

例題を参考に、実際自分で問題を解いてみるのは必要であるが、
答え合わせをしない生徒が多い。
自分の理解が正しいどうかの指標にもなるので、答え合わせは
１問ずつでも行うほうがいいが、実際にやるとなると面倒である。
すぐその場で正解が確認できるようにする必要がある、
ということで考えたのが、次のような表裏印刷のプリント。
中３の２次関数で、Ｘの変域からＹの変域を求める問題について作成し
てみた。

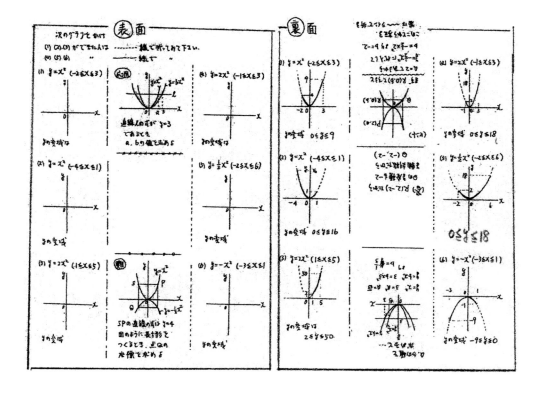

「表面」左側列の３問ができた人は右側の………ラインで折る
右側列の３問ができた人は左側の―・―・―ラインで折ると
それぞれ「裏面」に正解が出てくることになっている。
中央部にある「応用」「難」問題についても、指定のラインで折れば
「裏面」にある正解が出てくる。
結構楽しいプリントである。

15　三角ケーキ　分割クイズ

図のようなショートケーキがある。AB　ACを
共にそれぞれ2：1に分ける点をD，Eとして
DEでケーキを分割するとすれば
「P」と「Q」の面積はどちらが大きいだろうか

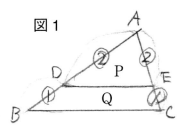

これは中3の相似比・面積比の関係を使った問
題である。
むろん、△ADE ∽ △ABC
（相似比2：3　面積比4：9）
P：Q = 4：（9 − 4）= 4：5
となって、Qの方が大きい

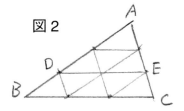

しかし図①によれば　P ＞ Q　とみる生徒も多いだろう
これは図②と比較するとよくわかると思う

紙上の数学の図形問題としては堅苦しい問題になるかもしれないが
好きなケーキの分割　そしてどちらが大きいか　どちらを取るべきか
身近な生活の中での問題として考えると面白いのではないだろうか

もう1つ　円錐カップの問題。こんな円錐形のカップに上から$\frac{1}{3}$まで
ジュースを入れてもらったとする。ギリギリまで入れた満杯の状態で
540円だったとすれば、今この状態、この量のジュースの代金は
いくらになるだろうか
むろん容器の厚さは考えないものとする

解
　（容器全体）：（ジュース）
⇒　　3　：　2　　　相似比
⇒　　9　：　4　　　面積比
⇒　27　：　8　　　体積比
であるので

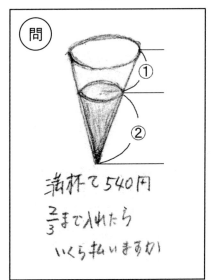

容器全体で540円ならば
図の量のジュースは160円ですむのである。

16　1秒で正解できる円すいの側面積

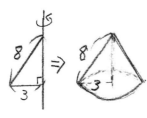

左の直角三角形を、ℓを軸に回転させるとその右のような円すいになるが、この円すいの側面積は、なんと1秒で求まる。

その答は　$8 \times 3 \times \pi = 24\pi$　つまり

<u>円すいの側面積 = 母線の長さ × 底面半径 × π</u>

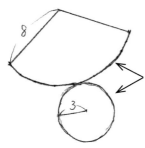

この部分が同じになるので、中心角が求まり、側面積が出るのであるが、中心角は必要がない。

半径8の円のうちで、側面にあたる部分のわり合が求まればいいので

$$S = \pi \times 8^2 \times \frac{\cancel{2\pi} \times 3}{\cancel{2\pi} \times 8} = 8 \times 3 \times \pi = 24\pi$$

17　「の」は「×」(「の」 ＝ かけざん)

(1)　400円の　3割は　□円である
(2)　□円の　20％は　200円である
(3)　800円の　□％は　240円である

上の問題すべて「の」を「×（カケル）」に置き換えてみると
(1)　400×0.3　　　より　　□ = 120　　で 120円
(2)　$\square \times 0.2 = 200$　より　　□ = 1000　で 1000円
(3)　$800 \times \square = 240$　より　　□ = 0.3　　で 30％

　　　　　　　　　　　　　　　　　　と答えが出る

中学校でも同じく　a円のb割　⇒　$a \times \dfrac{b}{10}$　で　$\dfrac{ab}{10}$円

　　　　　　　300円のc％　⇒　$300 \times \dfrac{c}{100}$　で　$3c$円

と機械的に答えが求まるのである。

著者プロフィール

1956年　三重県に生まれる
1979年　大学を卒業後、三重県内公立中学校に勤務
1994年　三重県特別支援学校勤務に
2001年　「こんな旅はいかが」（文芸社）を発行
2009年　「絶景珍景ニッポン百景」（アートヴィレッジ）を発行
2011年　県立学校教員を退職　以降非常勤講師に
2012年　「旅で見つけたニッポン珍景百景」（コスモ21）を発行
2014年　「気象DATAの意外な事実」（文芸社）を発行

2024年9月15日発行
著　者　稲葉隆生
発　行　アートヴィレッジ
　　　　〒663-8002　西宮市一里山町5-8・502
　　　　TEL.090-2941-5991　FAX.050-3737-4954
　　　　URL: https://artv.page
　　　　Mail:hon@artv.jp

落丁・乱丁本は弊社でお取替えいたします。
本書の無断複写は著作権法上での例外を除き禁じられています。
購入者以外の第三者による本書のいかなる電子複製も一切認められていません。